Kohlhammer

Helmut Pietschmann

Fahrzeugbeschaffung für Feuerwehr und Rettungsdienste

Verlag W. Kohlhammer

Helmut Pietschmann, Brandoberamtsrat
Von 1990 bis 2001 in der Technischen Abteilung der Feuerwehr Hamburg zuständig für die Planung und Entwicklung von Einsatzfahrzeugen. Seitdem Leiter der Feuer- und Rettungswache Rotherbaum der Feuerwehr Hamburg.

Umschlag: Peter Horlacher unter Verwendung eines Bildes
von Hans-Joachim Bielke und Wilfried Brömme
Bilder: Helmut Pietschmann
Gesamtherstellung: W. Kohlhammer Druckerei GmbH & Co.
Stuttgart
Printed in Germany
ISBN 3–17-017443–6

Danksagung

Viele Kollegen aus anderen Feuerwehren und Rettungsdiensten sowie Geschäftspartner haben zu diesem Buch mit Material und Ihrem Rat beigetragen. Hervorheben möchte ich an dieser Stelle besonders den Geschäftsführer der Firma Fahrtec (Neubrandenburg), Herrn Karl Peter Boddenberg. Ihm und allen anderen herzlichen Dank! Dank auch Herrn Branddirektor Günter Julga, Leiter der Abteilung Technik & Logistik der Feuerwehr Hamburg, für seine stets freundliche Unterstützung.

Den Herren Hans-Joachim Bielke und Wilfried Brömme danke ich für die Gestaltung des Titelbildes, meinem Lektor Jochen Thorns für seine Geduld und jederzeit konstruktive Unterstützung. Dank auch dem Beuth-Verlag, Berlin, dem Werner-Verlag, Düsseldorf, und der Microsoft Deutschland, Unterschleißheim, für die Überlassung kostenloser Arbeitsexemplare Ihrer Bücher und Programme. Ein besonderer Dank gilt meiner Lebenspartnerin Ingrid für ihre Geduld, mit der sie mich in dieser Phase ertragen hat. Ich will mich bessern!

Inhalt

Einleitung

Der Verfasser hatte über einen Zeitraum von zehn Jahren Gelegenheit, für die Feuerwehr Hamburg Rettungsdienst- und Sonderfahrzeuge sowie Geräte zu beschaffen und eine Vielzahl von Projekten mitzugestalten. Dazu gehörten zum Beispiel die Einführung eines Tankkartensystems für etwa 650 Fahrzeuge, das Projektmanagement für den Bau von insgesamt etwa 100 Fahrzeugen und die Beschaffung von mehreren hundert Medizinprodukten wie Beatmungsgeräte und Defibrillatoren. Er hatte Gelegenheit, an der Entwicklung einer Reihe von Fahrzeugen, Geräten und Konzepten mitzuwirken. Dazu gehörte auch die Betreuung einer Reihe von Crash-Tests für Fahrzeuge und Geräte. Außerdem durfte er verschiedene Organisationen und Firmen beraten sowie eine Reihe von Aufsätzen für Fachzeitschriften verfassen. In dieser Zeit sind eine Vielzahl von Kontakten zu anderen Feuerwehren und Rettungsdiensten, zu Fahrzeug- und Geräteherstellern, Fahrzeugausbaufirmen und den verschiedensten Institutionen gewachsen.

Leider können nur wenige Organisationen einen Planungsaufwand wie eine der größten deutschen Feuerwehren betreiben. Oft genug muss vieles aus anderen Funktionen heraus, ohne große Vorkenntnisse »nebenher« geleistet werden. Aus den Anregungen der Innenrevision der Hamburger Innenbehörde und den Fragen vieler Kollegen ist die Idee zu diesem Buch entstanden. Es soll ein kleiner Leitfaden sein, um dem Leser ein Basiswissen zu verschaffen. Dabei geht es im Wesentlichen um drei Bereiche:

Methodenwissen
Hier sollen Kenntnisse vermittelt werden, die dass Organisieren von Projekten in der erforderlichen Größenordnung ermöglichen. »Wie definiere ich die Anforderungen an ein Produkt, wie finde ich heraus, was wirklich gebraucht wird und wie beschreibe ich es?« sowie »Wie organisiere ich ein Beschaffungsprojekt?« sind zwei zentrale Fragen dieses Bereichs.

Rechtsanwendung

Hier wird insbesondere auf die Forderungen des Vergaberechts eingegangen, denen sich öffentliche oder überwiegend unter öffentlichem Einfluss stehende Auftraggeber unterwerfen müssen. Dazu gehört auch ein Einblick in das europäische Vergaberecht. Eingegangen wird aber auch auf Haftungsrecht, Durchsetzung von Forderungen, Vertragsstrafen und die Frage der Produkthaftung.

Fachwissen

Es ist schlicht unmöglich, in einem Buch wie diesem einen auch nur annähernd vollständigen Überblick über das notwendige Fachwissen für die von Feuerwehren und Rettungsdiensten verwendete technische Ausstattung zu geben. Dazu steht umfangreiche Spezialliteratur zur Verfügung. Daher wird nur auf zwei typische Probleme bei der Beschaffung und dem Betrieb der Fahrzeuge eingegangen. Gerade diese Probleme betreffen aber fast jeden von uns.

Selbstverständlich lassen sich die beschriebenen Werkzeuge und Methoden an Projekte nahezu jeder in Frage kommenden Größe anpassen. Für die Beschaffung von zwei Einsatzleitwagen wird man wohl nicht allzu häufig ein Projektplanungsprogramm einsetzen, das Vergaberecht gilt (glücklicherweise) nicht unbedingt für private Krankentransportunternehmen. Jeder Leser mag (und soll) dass vorliegende Buch nach seinem Bedarf nutzen.

Alle Angaben in diesem Buch erfolgen nach bestem Wissen und Gewissen, jedoch können – trotz großer Sorgfalt bei der Recherche – weder Autor noch Verlag für die Richtigkeit der Angaben haften.

Ich wünsche Ihnen für die Arbeit Erfolg und eine glückliche Hand!

Hamburg, im Mai 2003 Helmut Pietschmann

1 Planungstechnik

Es mag Ihnen überflüssig oder zeitraubend erscheinen, sich mit Begriffen und Modellen zu beschäftigen oder ein Projekthandbuch anzulegen. Vielleicht sitzen Ihnen auch Termine oder Vorgesetzte im Nacken: Umso mehr sollten sie Wert auf eine ausreichend gründliche Planung legen! Planung hilft Fehler und unnötige Schleifen zu vermeiden, spart Zeit und Kosten, und Sie behalten den Überblick. Denken Sie einmal kritisch an die Vorbereitung von Diplom- oder Hausarbeiten, an Ihre Führungsausbildung oder auch den einen oder anderen größeren Einsatz zurück. Was zu Beginn versäumt wird, lässt sich nur schwer oder gar nicht mehr heilen! Sie werden es auch in diesem Buch sehen: Dreh- und Angelpunkt ist die sorgfältige Vorbereitung des Projektes. Die eigentliche Abwicklung, der konkrete Bau der Sonderfahrzeuge sind »nur« die fast zwangsläufige Folge guter Planung.

Für viele von uns ist der Begriff »Projektmanagement« ein Reizwort. Es »riecht nach Arbeit«, nach einem unübersichtlichen Berg von Aufgaben, komplizierten Problemen und zeitaufwändiger Planungsarbeit. Es ist jedoch einfach nur die Anwendung einer Sammlung von Werkzeugen und Methoden, um mit umfangreicheren und komplexeren Problemen fertig zu werden. Es ist ein System zum effektiven Verwalten von Vorgängen, Ressourcen und Kosten.

Selbstverständlich haben Sie die Möglichkeit, Ihren Auftrag abzuholen, zackig die Hacken zusammenzunehmen und sofort wild darauf los zu arbeiten. Das macht im ersten Augenblick möglicherweise sogar einen guten Eindruck. Wenn Sie so wider Erwarten tatsächlich zum Ziel kommen, dann aber mit hoher Wahrscheinlichkeit mit einer Menge Umwegen, Sackgassen, Ärger und – »ergebnisoffen«. »Operative Hektik« schadet mehr als sie nützt. Bei einem Projekt, das viele Monate dauern wird, brauchen Sie zunächst einen Plan. Legen Sie erst einmal eine Denkpause ein. Überlegen Sie sich, wie Sie an die Aufgabe herangehen wollen. Suchen Sie nach geeigneten Methoden und Werkzeugen, um mit dem Problem umzugehen. Einen möglichen und bewährten Weg will Ihnen dieses Buch aufzeigen.

Zunächst also die Frage: »Wie macht man einen Plan?« Bevor wir uns mit der konkreten Planung eines Feuerwehr- oder Rettungsdienstfahrzeugs beschäftigen, folgt ein Exkurs über das Handwerkszeug. Sie finden in diesem Kapitel Hinweise auf Planungstechniken und -methoden sowie über technische Hilfsmittel, die bei der Projektarbeit nützen können. Dabei habe ich mich angelehnt an die Projektorganisation wie sie in Planungsbüros zum Beispiel für die Industrie oder auch für das Baugewerbe durchgeführt wird (vgl. Klose, Burkhard: Projektabwicklung, Verlag Karl Überreuter, Wien, 1996). Planung ist nicht Selbstzweck! Planungsfreaks laufen Gefahr sich in ihre Planung zu verlieben. Es geht immer noch ein bisschen perfekter! Wir betreiben Planung jedoch nicht aus akademischem Interesse. Unser Auftrag ist nicht Planung, sondern Fahrzeugbeschaffung! Je weiter wir die Planung perfektionieren, umso weiter steigt der Aufwand für die Erstellung und Fortschreibung der Planung. Und – mal im Ernst – es ist ja ganz nett, wenn Sie heute schon sagen können, an welchem Tag im nächsten Jahr mit der Ladung der Handscheinwerfer für das neue Fahrzeug begonnen werden müsste. Aber dient es wirklich der Projektsteuerung, dies jetzt schon zu wissen? Sie werden bis dahin noch genug damit zu tun haben, wochenlange Verschiebungen unter Kontrolle zu behalten! Planen Sie also stets nur mit der für das gewünschte Ergebnis ausreichenden Genauigkeit.

Treiben Sie weniger Aufwand als notwendig, verlieren Sie den Überblick, und das Projekt gleitet Ihnen aus der Hand. Treiben Sie aber mehr Aufwand als notwendig, verschleudern Sie Ressourcen (vor allem Ihre eigene Arbeitszeit und Ihre eigenen Nerven).

Mit den hier vorgestellten Werkzeugen können selbstverständlich nicht nur Fahrzeuge beschafft werden. Die Planungs- und Managementtechniken sind grundsätzlich wertfrei. Auch wenn immer wieder die Stichworte Feuerwehr- oder Rettungsdienstfahrzeug auftauchen, taugen die Werkzeuge ebenso für die Bearbeitung einer Vielzahl anderer, nach industriellen Maßstäben kleinerer oder mittlerer Projekte. Das Werkzeug eignet sich ebenso zur Beschaffung eines Feuerlöschbootes, der Einführung der Frühdefibrillation in einem größeren Rettungsdienstbereich oder der Einrichtung einer neuen Werkstatt. Ich beschränke mich in diesem Kapitel auf Basiswissen. In den folgenden Kapiteln haben Sie die Gelegenheit, darauf aufzubauen und am praktischen Beispiel im Verlauf unseres Musterprojektes zu lernen.

Jeder Feuerwehrangehörige kennt mindestens eine klassische Projektmanagementmethode:

- Erkundung,
- Beurteilung,
- Entschluss,
- Befehl,
- (Ausführung überwachen – und erforderlichenfalls wieder von vorn beginnen, nachregeln usw.).

Generationen von Feuerwehrleuten haben dieses Schema trainiert – ohne sich immer darüber klar zu werden, dass es sich um nichts anderes handelt, als um eine klassische Management- oder Problemlösungsmethode. Versuchen Sie doch einmal, die Einzelschritte anders zu benennen, etwa

- Quellenstudium, Materialsammlung,
- Auswahl,
- Entscheidung,
- Auftragsvergabe.

Erkannt? Wir haben eine erste, für die Lösung vieler unserer Probleme ausreichende Planungsmethode gefunden! Und mit dieser Methode kommt man relativ weit. Darüber hinaus lässt sie sich verfeinern, stärker strukturieren und verändern. Aber der rote Faden bleibt! Also, wenn wir überhaupt nicht mehr weiterwissen: siehe oben. Ein wesentlicher Grundsatz ist allerdings, einen Schritt nach dem anderen zu machen. Springen Sie nicht zwischen den einzelnen Phasen hin und her. Arbeiten Sie die Phasen säuberlich *nacheinander* ab. Sonst wird sehr schnell aus dem roten Faden ein gordischer Knoten!

Bei der Bearbeitung umfangreicherer Projekte stößt dieses Modell jedoch an seine Grenzen. Daher wird im Folgenden ein Modell vorgestellt, mit dem auch komplexere Projekte mit vielen Abhängigkeiten über eine längere Zeit erfolgreich gehandhabt werden können.

lossar Projektmanagement

Damit es nicht zu Verwirrungen kommt, werden zunächst einige Begriffe definiert:

Anordnungsbeziehungen

Die Abhängigkeiten/Verknüpfungen zwischen den einzelnen Vorgängen werden durch Anordnungsbeziehungen dargestellt. Jeder Vorgang hängt von der Erledigung anderer Vorgänge ab. Die verbreiteste Form ist die Ende-Anfang-Beziehung (EA). Beispiel: Ein Kastenwagen kann erst zum Sonderfahrzeug ausgebaut werden, wenn das Fahrzeug bei der Ausbaufirma bereitsteht. Es sind aber eine ganze Reihe andere Anordnungsbeziehungen denkbar. Können ein Fahrgestell und ein Aufbau gleichzeitig parallel gefertigt werden, um dann den Aufbau aufzusetzen? Eine typische Ende-Ende-Beziehung (EE)! Möglich ist auch die Sprungfolge (AE), bei der das Ende eines Vorganges vom Beginn des Nächsten abhängt.

Arbeitspaket

Nach Umfang und Zeitrahmen definierte Teilleistung, die vom Bearbeiter eines (Teil-)Auftrages erbracht werden soll. → Vorgang.

Balkenplan (Gantt-Diagramm)

Lawrence Gantt erfand um 1900 das Gantt-Diagramm als System zur Kontrolle von Arbeitsleistung. Es stellt die Vorgänge des Projektstrukturplanes als Balkenplan dar, die den zeitlichen (nicht den logischen) Ablauf der Projektphasen oder Vorgänge darstellt. Vorgänge werden als Balken, Meilensteine als Punkt oder Raute dargestellt. In der Ursprungsform des Gantt-Diagramms waren die strukturellen Zusammenhänge zwischen den einzelnen Vorgängen nicht erkennbar. Daher entstand daraus der vernetzte Balkenplan. Hier werden die Zusammenhänge zwischen den einzelnen Vorgangsbalken mit Pfeilen dargestellt (Bild 1).

Basisplan

Unter anderem das Projektplanungsprogramm MS Project bezeichnet die erste gespeicherte Version des Projektplans als Basisplan. Er wird beim späteren Soll/Ist-Abgleich als Referenzplan genutzt.

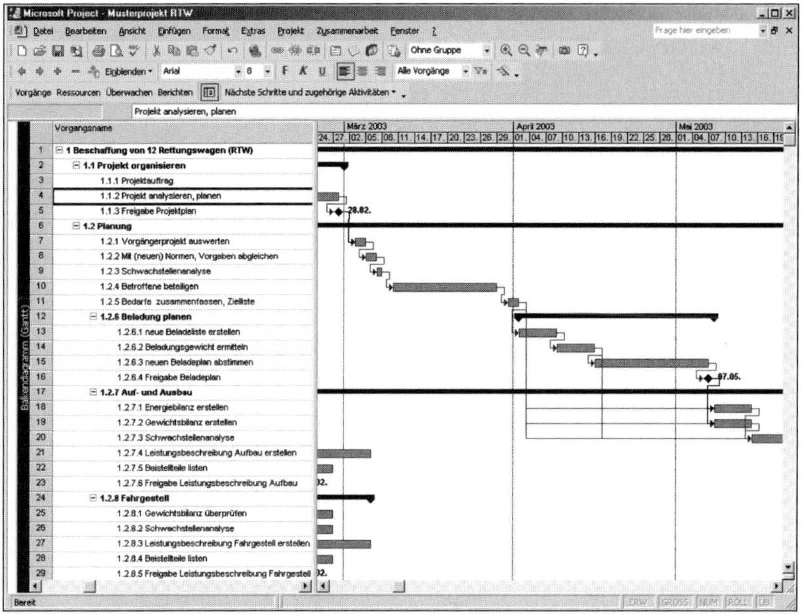

Bild 1: Im vernetzten Gantt-Diagramm werden die Beziehungen zwischen den einzelnen Vorgängen mit Pfeilen dargestellt.

Kritischer Pfad (Critical-Path)

Auf diesem Pfad liegen alle Vorgänge, die von einander abhängig sind und nicht verschoben werden können, ohne das Projektende zu beeinflussen.

Leistungsumfang

Die in der Leistungsbeschreibung beschriebenen und vertraglich vereinbarten Leistungen, die für den Auftraggeber erbracht werden müssen.

Meilenstein

Meilensteine kennzeichnen wichtige Zwischenergebnisse oder Ereignisse mit besonderer Bedeutung im Rahmen der Projektrealisierung. Es sind »Vorgänge« für die keine Arbeit geleistet werden muss, sondern Zwischenziele, die helfen, den Projektfortschritt im Auge zu behalten. Meilensteine müssen abgeschlossen sein, bevor die nächste Projektphase beginnt. (Beispiel: Meilenstein Planungsende, danach beginnt das Vergabeverfahren).

Netzplan/Netzplantechnik
Bei dieser Darstellungsform des Projektplanes werden Vorgänge durch Kästchen dargestellt. Die Kästchen enthalten die Detailinformationen zum Vorgang. Verbindungslinien (Pfeile) stellen die Anordnungsbeziehungen der Vorgänge dar. Die Netzplantechnik entstand mit der fortschreitenden Industrialisierung in den 1950er-Jahren. Die relativ einfachen Balkendiagramme reichten nicht mehr aus, um komplexe Vorhaben wie den Bau von Industrieanlagen, Brücken, großen Gebäuden oder die Raumfahrttechnik zu beherrschen. Ganz so komplex sind unsere Projekte nicht. Der Vollständigkeit halber werden hier aber die gängigsten Methoden kurz beschrieben.

Bekannte Rechenmodelle sind die *Critical Path Method (CPM)* und die *Program Evaluation Technique (PERT).* Die einzelnen Vorgänge werden als Kästen dargestellt. CPM berechnet auf der Basis der Dauer und der Abhängigkeiten der einzelnen Vorgänge zueinander den *kritischen Weg (Critical Path).* Eine Verzögerung im kritischem Pfad verzögert automatisch das Projekt. CPM wird beispielsweise von dem Programm MS Project mit der PERT-Darstellung kombiniert. Verwenden Sie MS Project für Ihre Projektplanung, können sie in den Ansichten Ihres Projektplanes zwischen Balkenplan und PERT-Diagramm wechseln und sich den kritischen Pfad Ihres Projektes ansehen (Bild 2).

Die DIN 69900 unterscheidet zwischen

- Vorgangs–Pfeil–Netz,
- Vorgangs–Knoten–Netz und
- Ereignis–Knoten–Netz.

Projekt
Ein Projekt ist ein zeitlich, sachlich und räumlich begrenztes Vorhaben. Darin unterscheidet es sich vom kontinuierlichen Tagesgeschäft. Regelhaft wiederkehrende Tätigkeiten wie Unterrichte, Wartungsarbeiten, routinemäßig wiederkehrende Beschaffungen einfacher Güter etc. sind also keine Projekte. Die Entwicklung eines Curriculums, eines Wartungshandbuches oder die Einführung eines Tankkartensystems zum Einkauf von Kraftstoff kann allerdings sehr wohl ein Projekt sein. Die zeitliche Begrenzung kann durch ein fixes Datum oder ein Ereignis festgelegt sein. Also »bis zum 31. Januar 2003« oder »bis zur Fertigstellung der neuen Feuerwache«. Es enthält miteinander ver-

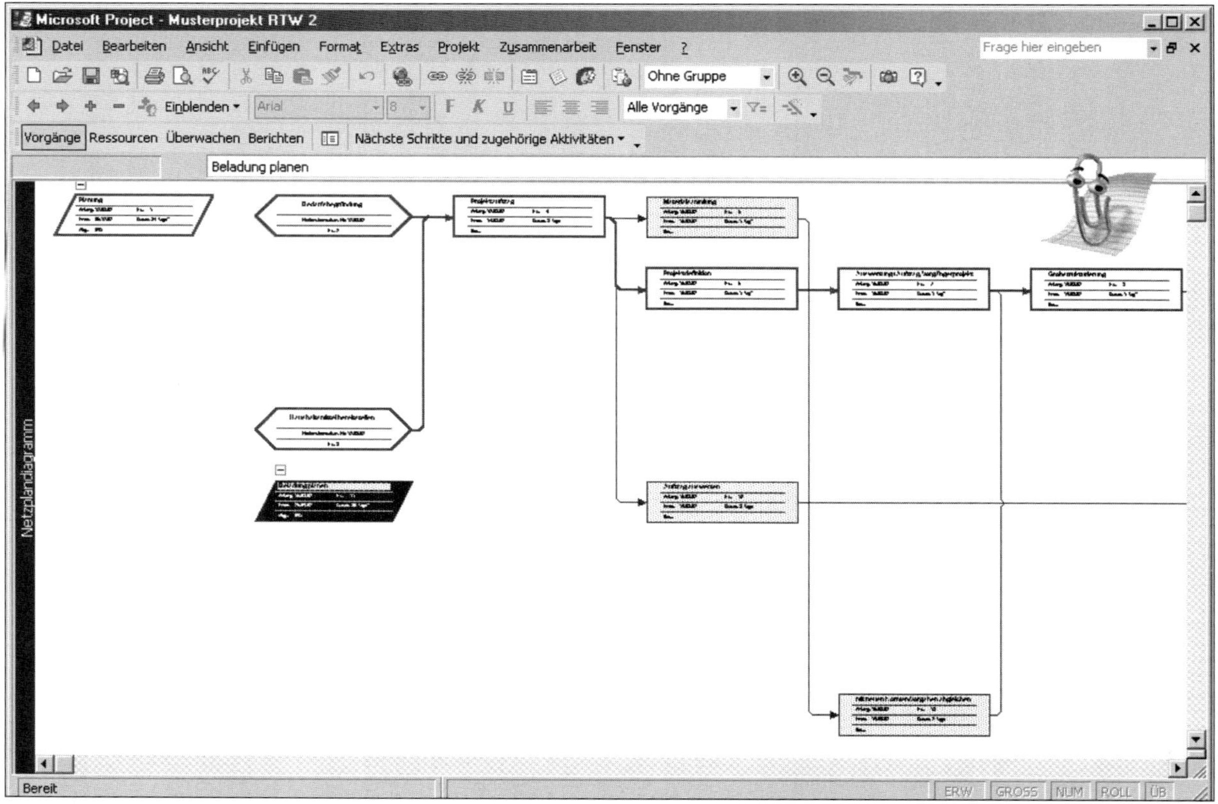

Bild 2: Im Netzplan werden Vorgänge durch Kästen dargestellt.

bundene Aufgaben/Vorgänge, die in einer festgelegten Reihenfolge zu erledigen sind.

Projektauftrag
Nach Leistungsumfang, Kosten und Zeit abgegrenztes Vorhaben, das für einen Auftraggeber abgewickelt wird. Dieser Auftrag umfasst mindestens den Leistungsumfang, die Kosten und die Zeit. Er kann weitere Vorgaben, wie Ziele, zur Verfügung gestellte Ressourcen, Vollmachten, Vorgaben zum Projektteam enthalten. Ein klarer und eindeutiger Projektauftrag ist ein Schlüssel zum Erfolg!

Projektmanagement
Projektmanagement ist die verantwortliche Leitung eines Projektes, das Lösen der auftretenden Probleme und Konflikte, das Einhalten oder das Anpassen der Projektziele.

Projektphase
Eine Phase besteht aus einer Reihe inhaltlich zusammengehöriger Vorgänge, zum Beispiel Planung, Vergabe, Indienststellung. Sie stellt einen Abschnitt/eine Gliederungsebene dar, die es Ihnen ermöglicht, das Projekt logisch zu gliedern. Die Einteilung in Projektphasen erleichtert den Überblick zu behalten.

Projektressourcen
Ein Begriff der sich in den verschiedenen Projektplanungsprogrammen wiederfindet. Unterschieden werden *materielle, finanzielle* und *personelle* Ressourcen. Dies meint zum Beispiel Maschinen, Fahrzeuge, Besprechungsräume, Budgets für Investitionsmittel, Reisekosten etc., die Projektmitarbeiter, aber auch das Personal des Auftragnehmers oder das Werkstattpersonal.

Projektstrukturplan
Aus der Gliederung des Projektes entsteht der Projektstrukturplan (PSP), englisch: Work Breakdown Structure (WBS). Er ist eine grafische Darstellung des Projekts, bei der alle Vorgänge hierarchisch gegliedert angeordnet werden. Aus dem PSP entsteht der Projektplan. Die sinnvolle Projektstrukturierung in Teilprojekte, Sammelvorgänge oder Projektphasen und Einzelvorgänge ist eine notwendige Voraussetzung für die Projektplanung und die Ablaufkontrolle.

Pufferzeit
Zeitspanne, um die sich ein Vorgang verschieben kann, ohne einen anderen Vorgang zu verzögern.

Teilprojekte
Es ist sinnvoll, größere Projekte in Teilprojekte zu gliedern. So entsteht eine Struktur, die in einem *Projektstrukturplan* dargestellt werden kann. In unserem Fall könnten die Teilprojekte beispielsweise Planung, Vergabeverfahren und Auftragsabwicklung heißen.

Vorgang
Ein Vorgang ist ein konkreter, zeitlich umrissener Schritt, der ausgeführt werden muss, um das Projektziel zu erreichen. Er ist ein Baustein des Projektes und stellt die Arbeit dar, die für das Projektziel tatsächlich geleistet werden muss.

Zielarten
Unterschieden werden Sachziel, Terminziel, Kostenziel und Nebenziele oder Nebenbedingungen.

Sachziel ist die Bewältigung einer definierten Aufgabe mit einem konkreten Ergebnis. Beispiel: Beschaffung eines Fahrzeuges mit definierten Eigenschaften innerhalb ebenfalls definierter Rahmenbedingungen.

Terminziel: Das Projekt muss innerhalb einer definierten Zeit oder bis zu einem definierten Ergebnis abgeschlossen sein.

Kostenziel: Das Projekt muss innerhalb eines festgelegten Kostenrahmens/Budgets oder zu einem Festpreis realisiert werden.

Nebenziele/Nebenbedingungen: Berücksichtigung übergeordneter Unternehmensziele oder Wünsche vorgesetzter Stellen. Nebenziel kann auch sein, dass Mitarbeiter bei der Projektarbeit nicht verschlissen werden sollen (oder langfristige Lieferantenbindungen, Systementscheidungen für ein bestimmtes Produkt, Typenreinheit des Fuhrparks, Anforderungen an Ausbildungsaufwand etc.).

1.2 Die Projektorganisation

1.2.1 Grundlagen

Projektleiter
Es ist unbedingt notwendig, für jedes Projekt einen Projektleiter (Projektbeauftragten, Projektmanager) formell zu bestimmen. Als Führungskraft ist es für Sie keine Neuigkeit: Ein konkreter Auftrag wird an eine konkret benannte Person

erteilt. Bedenke: Sind alle oder mehrere Personen verantwortlich, fühlt sich am Ende niemand zuständig. Der Projektleiter ist das Bindeglied zwischen allen internen und externen Beteiligten. Er soll das Projekt verantwortlich, termingerecht und mit größtmöglicher »Kundenzufriedenheit« abwickeln. Der Projektleiter wird von der Entscheidungsinstanz (Abteilungsleitung, Geschäftsleitung etc.) für die Dauer des Projektes ernannt. Er erhält den Projektauftrag. Dieser Auftrag umfasst mindestens Leistungsumfang, Kosten und Zeit. Er kann weitere Vorgaben enthalten, wie Ziele, zur Verfügung gestellte Ressourcen, Vollmachten, Vorgaben zum Projektteam.

Aufgaben des Projektleiters sind:

- Benennen von Stellvertretern,
- Koordination des Projektteams,
- Mitwirkung bei der Teamzusammensetzung,
- Aufgabenverteilung im Projektteam,
- Kommunikation im Projektteam (Projektbesprechungen),
- Herbeiführen von Entscheidungen,
- Erreichen der Projektziele,
- Sachgerechte Problemlösung,
- Steuerung der Projektaktivitäten,
- Einhaltung hausinterner Richtlinien,
- Fach- und Sachverantwortung für das Projektteam,
- Kommunikation innerhalb des Projektteams,
- Vorbereitung und Durchführung von Projektbesprechungen,
- Erstellen von Zwischenberichten,
- Verwalten der Projektunterlagen.

Nach Größe und Bedeutung des Projektes kann der Projektleiter nur fachliche oder auch disziplinarische Weisungsbefugnis erhalten. Ein Projektleiter ohne Weisungsbefugnis wird zum Spielball. Der Projektleiter hat also eine vielfältige und komplexe Schnittstellenfunktion. Aus den Aufgaben des Projektleiters lassen sich eine ganze Reihe von Anforderungen ableiten.

Im Feuerwehr- bzw. Rettungsdienstbereich lassen sich die Anforderungen an den Projektleiter in drei große Blöcke gliedern:

- Führungs- und Projektmanagementfähigkeiten,
- Rechtsanwendung, besonders im Vergabe- und Vertragsrecht,
- fachlich-technische Kompetenz.

Wie bei anderen Managementaufgaben steht bei kleineren Projekten stärker die fachliche Kompetenz im Vordergrund, da der Projektleiter vieles selbst tun muss. Je größer das Projekt ist, umso stärker treten die Führungsqualitäten in den Vordergrund.

Einige Stichworte zu den Managementfähigkeiten des Projektleiters:

- Belastbarkeit,
- Selbstständigkeit,
- kooperatives Verhalten,
- Kreativität,
- Motivationsfähigkeit, vor allem sich selbst gegenüber,
- Verantwortungsbewusstsein,
- Kritikfähigkeit, auch Fähigkeit zur Selbstkritik,
- Urteilsfähigkeit,
- fachliche Kompetenz,
- Führungskompetenz und Durchsetzungsvermögen,
- Kommunikationsfähigkeit und Verhandlungsgeschick,
- Delegations- und Kooperationsbereitschaft,
- Organisationstalent,
- schnelles Erfassen von Zusammenhängen,
- wirtschaftliches und unternehmerisches Denken.

Die Anforderungen hören sich schon imponierend an. Und bei einem größeren Projekt, mit Kosten im sechs- oder siebenstelligen Bereich und fühlbaren Auswirkungen auf die Leistungsfähigkeit der Organisation sind sie es auch.

Projektteam

Bei größeren Projekten wird es notwendig sein, ein Projektteam zu benennen. Es ist sinnvoll, von vornherein namentlich festzulegen, wer mitarbeiten soll. Das Projektteam kann sich wie folgt zusammensetzen:

- Projektleiter,
- ständige Mitarbeiter,
- zeitweilige Mitarbeiter,
- Dienstleister wie Firmen oder Einzelpersonen, die Leistungen für das Projekt erbringen.

Die Organisationsform des Projektteams ist abhängig von der Art und Größe des Projektes. Im Rahmen der Projektorganisation ist – vor Beginn der Projektarbeit – über die Organisationsform zu entscheiden:

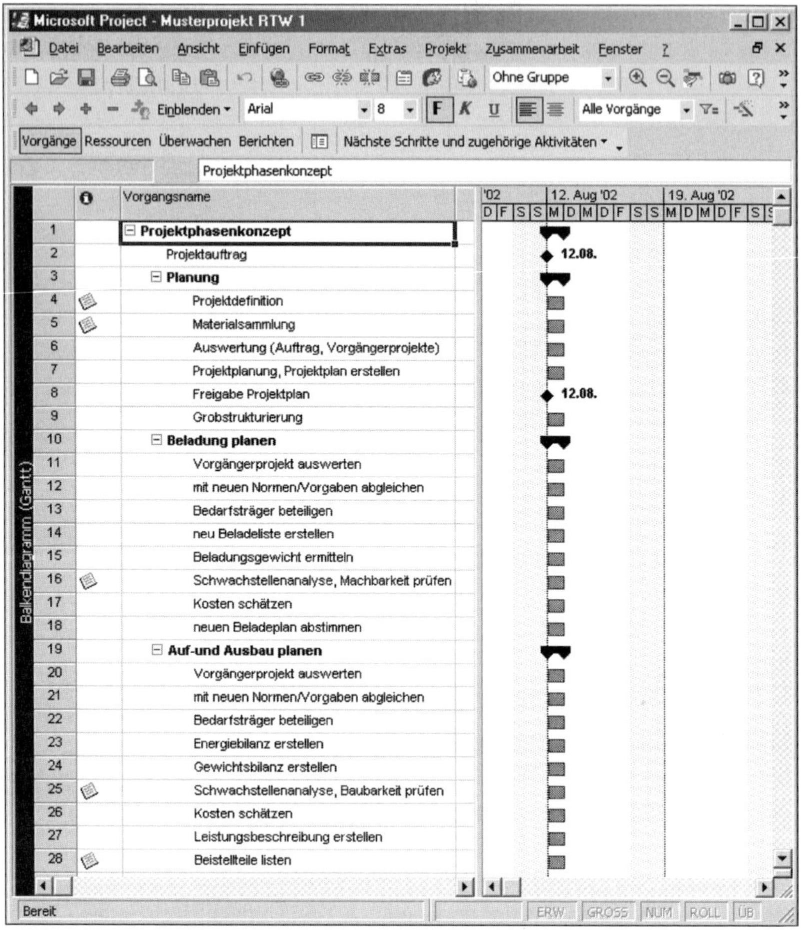

Bild 3a: Beispiel eines Organisationsmodells (Projektstrukturplan)

Fachabteilungen
Die einzelnen Aktivitäten werden an die durchführenden Abteilungen verteilt. Intensive Kommunikation und Berichte an den Projektleiter sind besonders wichtig. Dies wird bei der Mehrzahl der Fahrzeugbeschaffungen der Regelfall sein.

Stabsorganisation
Ein Stamm von festen oder zeitweiligen Mitarbeitern arbeitet als feste Gruppe an der Projektplanung und -realisierung.

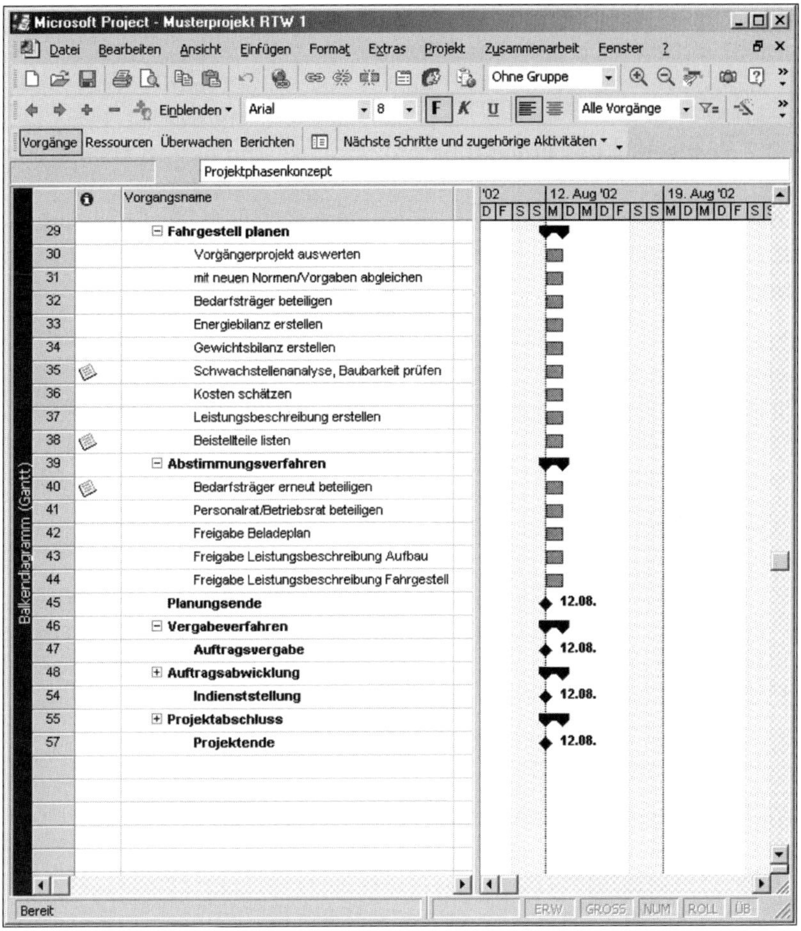

Bild 3b Beispiel eines Organisationsmodells (Projektstrukturplan)

Linienorganisation
Die Projektgruppe wird zeitlich befristet als eigene Organisationseinheit in eine Fachabteilung (zum Beispiel Abteilung Technik) eingegliedert.

Matrixorganisation
Die Projektgruppe existiert eigenständig und gleichberechtigt neben den Fachabteilungen der Linienorganisation. Die Projektgruppen können als offene oder geschlossene Projektgruppen zusammenarbeiten. Bei geschlossenen Projektgruppen bleibt die Gruppe mit einer festen Anzahl von Mitarbeitern vom Pro-

jektanfang bis zum Projektende zusammen. Bei offenen Projektgruppen wechseln die Mitarbeiter je nach Projektfortschritt.

1.2.2 Festlegung des Projektphasenkonzeptes und dessen Umsetzung

Erste Aufgabe des Projektleiters ist es, mit seinem Team das Projekt zu organisieren. Ein typisches Organisationsmodell könnte die in den Bildern 3a und 3b dargestellte Form haben.

Projektstart
Leider werden Sie in den wenigsten Fällen einen vollständigen und präzisen Projektauftrag bekommen. Häufig gibt es einen Hinweis in einer Besprechung, eine Protokollnotiz, einen kleinen Zettel auf dem Flur oder Ähnliches. Daher ist der nächste Schritt die

Projektanalyse
Dazu gehören:
- die Zieldefinition (»Was ist genau ist mein Auftrag/das Projektziel?«),
- die Festlegung des Detaillierungsgrades der Planung (Welcher Aufwand ist angemessen?),
- das Bestimmen der potenziellen Bearbeiter,
- das Festlegen von Hilfsmitteln und Werkzeugen,
- und auch die Vorgeschichte und die Hintergründe des Projektes.

Wie Sie in Erfahrung bringen, was Sie genau zu tun haben, wird bei der konkreten Umsetzung der Planung erläutert.

Projektorganisation
Gemeint ist hier nicht die eigentliche Planungsphase, sondern zunächst einmal, vor allem bei größeren Projekten, die Strukturierung des Projektablaufes (Bild 4 auf Seite 26). Erster Schritt ist – wie in der Führungslehre – die Erkundung, oder besser, die Materialsammlung. Nun lautet die Frage: »Was soll wie erreicht werden?«

Der Projektleiter legt bei der Planung fest:
- die notwendigen Projektschritte,
- die Bearbeitungsstrategie,
- den erforderlichen Zeitaufwand für die einzelnen Arbeitsschritte,
- Termine für die Meilensteine,

- Arbeitsverteilung auf die einzelnen Mitarbeiter,
- Berichtswesen (wann sind welche Berichte an wen zu erstatten).

Projektmanagement und Konflikte
Der Begriff Konflikt ist wertfrei. Er hat zunächst einmal nichts mit Fehlern und erst recht nichts mit Schuldzuweisungen zu tun. Konflikte treten im Projektablauf zwangsläufig auf. Beispiel: Ein Rettungswagen soll einen robusten und geräumigen Kofferaufbau bekommen und eine umfangreiche Beladung mitführen. Es soll jedoch ein zulässiges Gesamtgewicht von nicht mehr als 3 500 Kilogramm haben. Alles gleichzeitig geht nicht. Aufgabe des Projektleiters ist es, den Projektauftrag umzusetzen und die festgelegten Projektziele (Leistungsumfang, Leistungszeit und Kosten) zu erreichen. Ein wesentlicher Teil der Aufgabe besteht daher darin, die auftretenden Konflikte zu lösen. Diese können sein:

- zusätzliche, nachgeschobene Forderungen,
- unvorhersehbare Kosten,
- plötzlich auftretende technische Probleme,
- Lieferschwierigkeiten bei Auftragnehmern und Zulieferern,
- Qualitätsmängel.

Er muss auch Zielkonflikte zum Beispiel zwischen Einzelforderungen (siehe oben) oder eigenen Anforderungen und den Regeln der Technik auflösen.

1.2.3 Projektplanung

Nach dem der Projektleiter sich zunächst selbst und grobe Umrisse des Projekts organisiert hat, geht es nun darum, das Projekt konkret durchzuplanen. Nur durch ein gut geplantes und strukturiertes Verfahren ist es – vor allem in der Vorbereitungsphase – möglich, die anstehenden Aufgaben effizient zu erledigen. In diesem Sinne wird hier ein standardisierter Ablauf beschrieben, der sich an die jeweiligen Erfordernisse individuell anpassen lässt. Oben wurden die Begriffe Grob- und Feinplanung erwähnt. Die Struktur eines Projektplanes lässt sich nach zwei Methoden erarbeiten:

Die *Top-Down-Methode* beginnt mit der Grobplanung (top = oben). Anschließend wird jeder Schritt weiter untergliedert, bis am Ende die einzelnen Vorgänge stehen. Die Faustregel lautet: »Zuerst, danach, zuletzt«. Es wird systematisch ein Schritt nach dem anderen erarbeitet und soweit es sinnvoll scheint, weiter untergliedert.

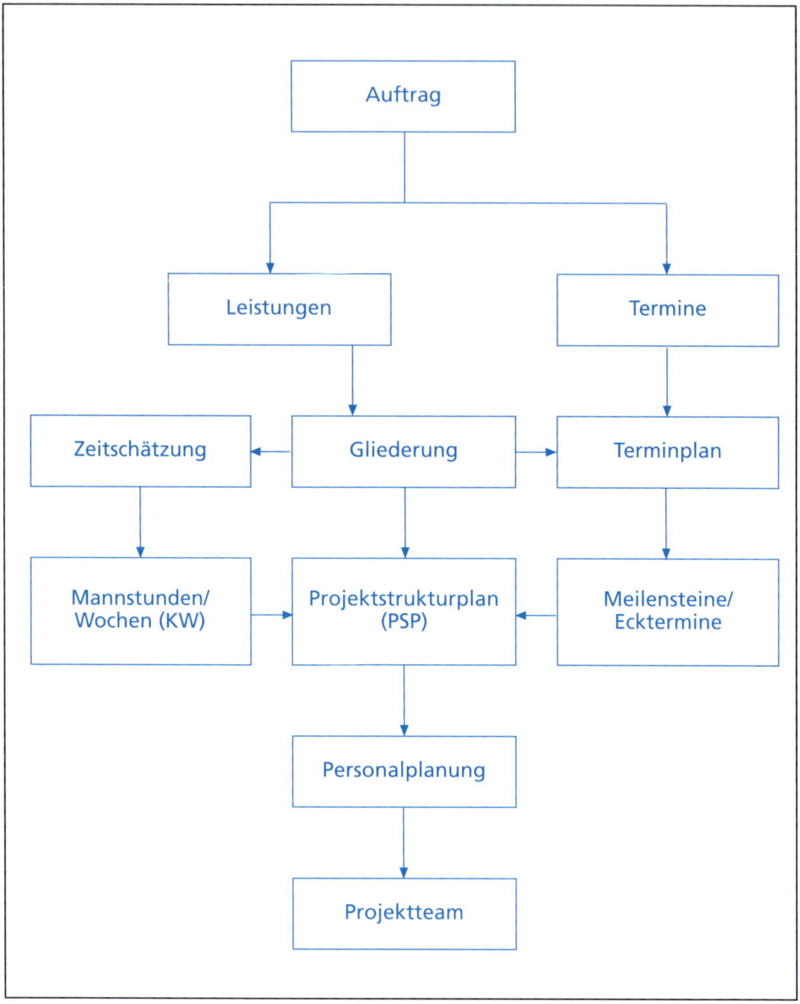

Bild 4: Beispiel für die Projektorganisation

Die *Bottom-Up-Methode* funktioniert in der umgekehrten Richtung. Wenn bereits alle oder die Mehrzahl der Einzelvorgänge als ungeordnete Liste vorhanden sind, etwa in der Art eines Brainstorming, beginnt man nun, diese Einzelvorgänge von unten nach oben zu strukturieren. Die Schlüsselfrage lautet: In welche Projektphase/an welche Stelle gehört dieser Vorgang? Weitere (Zusatz-)Gliederungen sind möglich, beispielsweise die Gliederung nach Zuständigkeiten (Wer macht was?).

Eine solche Gliederung erstellen Sie zum Beispiel mit Pappkarten, die auf einer Tafel angeordnet werden (eine gute Möglichkeit, um in einer Gruppe zu arbeiten), mit einem Textverarbeitungsprogramm, einer Tabellenkalkulation oder idealerweise mit einem Projektplanungsprogramm. Dazu später mehr.

1.2.4 Projektdokumentation

Nach der Planung des Projektes bereiten Sie die Projektdokumentation vor. Ziel ist es, das Projekt so zu dokumentieren, dass jeder Dritte mit der erforderlichen Kompetenz ohne Nachfragen den Projektablauf nachvollziehen kann. Dies beinhaltet auch, dass jedes wesentliche Dokument in der Projektdokumentation auch in Papierform vorhanden ist. Medienbrüche, also die Dokumentation mal auf Papier, mal auf der Festplatte eines PC, sind unzulässig.

Dieses Verfahren sichert Sie und den Projektablauf ab. Es schützt Sie bei Unstimmigkeiten, bei Prüfungen durch Revisionsinstanzen und in eventuellen gerichtlichen Auseinandersetzungen. Schließlich hilft es Ihnen bei künftigen Projekten und bei einem Wechsel der Projektleitung (zum Beispiel durch Erkrankung, Beförderung oder Versetzung).

Die Gliederung der Projektdokumentation ergibt sich aus dem Projektablauf. Es entsteht nach und nach eine hierarchische Struktur. Nehmen Sie sich einen Aktenordner und eine Anzahl Trennblätter. Zunächst gliedern Sie das Projekt in große Blöcke:

- Auftrag,
- Planung,
- Auftragsvergabe,
- Auftragsabwicklung,
- Garantieüberwachung, Erfolgskontrolle.

Damit hat Ihr Projekt bereits eine Grobstruktur bekommen. Sie können sich nun entscheiden: Wollen Sie das Projekt ordentlich durchplanen oder lohnt der Aufwand nicht? Handelt es sich um ein kleineres Projekt von untergeordneter Bedeutung? Können Sie aus der Erfahrung den Ablauf ausreichend genau abschätzen? Dann könnten Sie jetzt weiterblättern.

Ich rate Ihnen dazu, grundsätzlich immer einen Plan zu machen. Haben Sie künftig häufiger mit derartigen Projekten zu tun, legen Sie sich einen Musterplan und einen Muster-Projektordner an. Ideal ist ein Muster-Projekthandbuch. Bei der Besprechung der einzelnen Projektphasen werden wir jeweils die Phase durchplanen. So haben Sie am Ende dieses Buches einen Muster-Projektplan in der Hand.

Dies trifft auch für die Arbeit am PC zu. Es hat sich in der Praxis bewährt, die Ablage projektbezogen (ähnlich wie oben dargestellt) zu strukturieren, also *nicht* nach Dateiarten wie ...\Sachgebiet Planung\Leistungsbeschreibungen\ ...oder... Technik\Diverses\Tabellen..., sondern

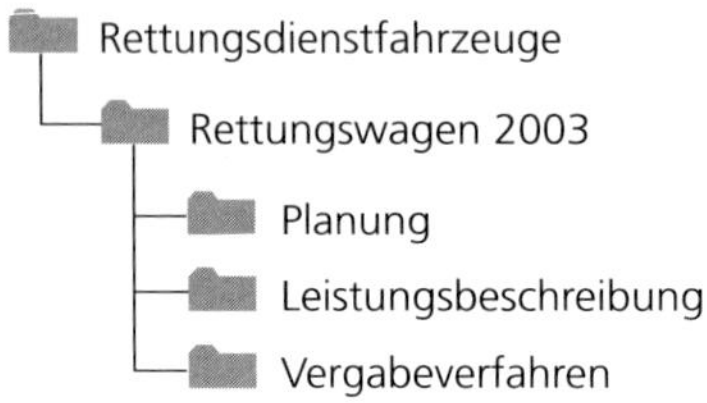

1.2.5 Kostenplanung

Zur Projektdokumentation gehört auch ein Kostenplan. Ebenso, wie der Projektablauf in einem Projektstrukturplan geplant und dokumentiert werden muss, benötigen Sie eine Kostenkontrolle. Erfasst werden müssen die Kosten für das Projektmanagement und die Produktkosten.

Unter die *Kosten für das Projektmanagement* fallen die entstehenden rechnerischen Personalkosten, Kosten für Dienstreisen zur Markterkundung, Baubesprechungen und Leistungsabnahmen, Kosten für Literatur und Ausstattung sowie ggfs. Kosten für externe Gutachter und auch (kalkulatorische) Personalkosten.

Unter die *Produktkosten* fallen die Kosten für das zu planende Produkt wie sie sich im Laufe des Vergabeverfahrens ergeben. Dazu gehören auch eventuelle Mehr- oder Minderleistungen wegen Produktänderungen sowie Rückbehalt wegen Vertragsstrafen oder Schlechtlieferung. Ebenso sollten Sie eventuelle Minderkosten erfassen, die durch Weiterverwendung von vorhandenen Beladungsteilen entstehen.

Sie sollten sich als Projektleiter nicht völlig auf die Leistungen Dritter verlassen. Nicht nur der Kaufmann oder Haushaltsexperte, sondern vor allem Sie sind für die Projektkosten verantwortlich! Es empfiehlt sich, mindestens eine Kostenübersicht in einer Tabellenkalkulation zu führen. Auch hier müssen Sie zunächst einen »Basisplan« speichern. Eine Kopie dieses Basisplanes können Sie dann laufend fortschreiben. Zunächst werden Sie nur mit Kostenschätzungen, zum Beispiel auf der Basis ähnlicher Projekte, arbeiten können. Wenn Ihnen die Angebote vorliegen, wird die Planung schon recht konkret. Es wird jedoch praktisch immer Mehr- oder Minderkosten geben. Ursache können unvermeidbare Änderungen, aber auch Minderkosten durch Vertragsstrafen (Pönale) oder Zahlungsminderungen nach BGB wegen Minderleistungen oder Schlechtlieferung sein.

Die eleganteste Form der Kostenplanung ist wieder die erwähnte Projektmanagementsoftware. Hier steht Ihnen ein integriertes Paket zur Verfügung, dass auch die jederzeitige Kostenkontrolle ermöglicht. Dies ist nicht zwingend, aber es erleichtert Ihnen – nach einer kurzen Einstiegsphase – die Arbeit.

1.2.6 Projektpläne

Mit einem reinen Projektstrukturplan, einer hierarchischen Gliederung, wie wir sie auch aus Textverarbeitungsprogrammen kennen, können wir allein noch nicht viel anfangen. Es fehlt die Möglichkeit, das Projekt grafisch darzustellen. Menschen brauchen ein Bild, um Probleme zu »überschauen«. Jeder kennt das etwas abgegriffene Sprichwort: »Ein Bild sagt mehr als tausend Worte«. Der einfachste Projektplan, ein einfaches Balkendiagramm, entsteht mit Balken in einem Terminkalender (Monats- oder Jahresplaner). Verwenden sie einen weichen Bleistift und ein gutes Radiergummi. Tinte, Kugelschreiber oder Textmarker lassen sich nicht oder nur schwer korrigieren und fortschreiben.

Projektplan mit Tabellenkalkulation erstellen

Leichter zu bearbeiten ist ein Diagramm in einer Tabellenkalkulation. In einem Arbeitsblatt erstellen Sie einen Projektstrukturplan (Bild 5): Schreiben Sie in der ersten Spalte die erforderlichen Arbeitsschritte in einer Vorgangsliste untereinander, gern zunächst einmal in der Reihenfolge, in der sie Ihnen einfallen. Danach gliedern Sie die Schritte. Verwenden Sie dazu die Funktionen »fett«, »kursiv« und unterschiedliche Schriftgrößen. Orientieren Sie sich an der beschriebenen Grobstruktur. An Ihrem PC können Sie in der Liste die einzelnen Vorgänge einfach mit der Maus an die richtige Stelle schieben, ergänzen, ändern oder löschen.

Rechts neben der Vorgangsliste, dem Projektstrukturplan, erstellen sie einen Kalender. Fügen Sie dazu ganz oben eine Zeile ein. Eine Gliederung in Kalen-

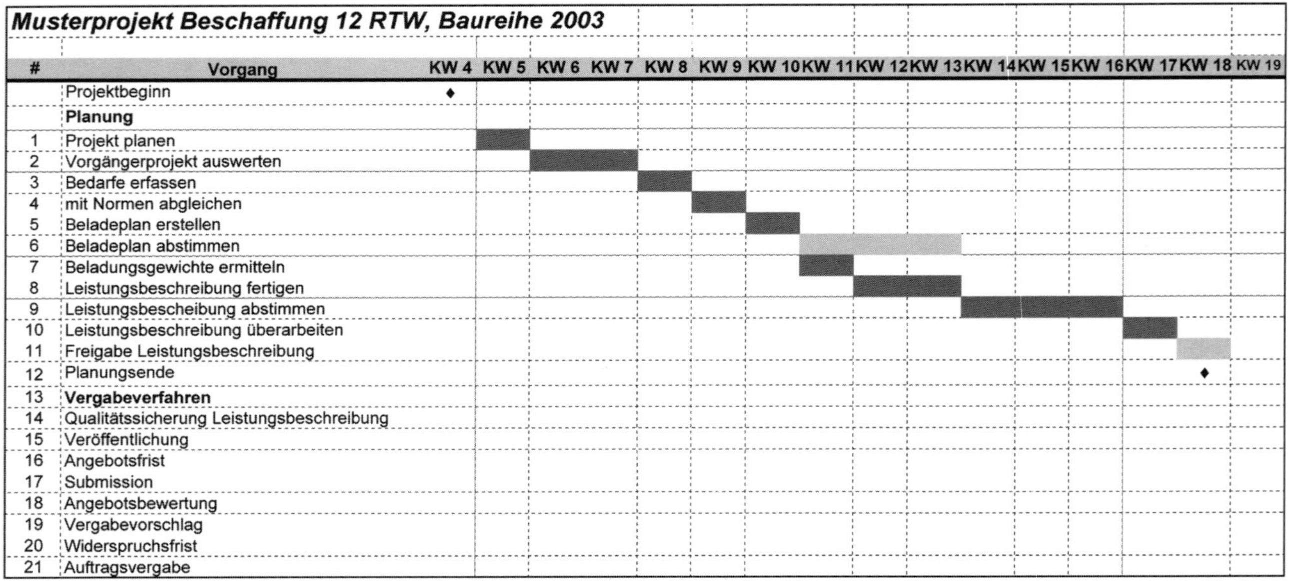

Bild 5: Eine Projektplanung kann auch mit MS Excel durchgeführt werden.

derwochen ist meist völlig ausreichend. Und nun können sie übersichtliche Balken darstellen, in dem Sie die Kästchen neben den Einzelvorgängen und unterhalb des geplanten Datums farblich markieren. Vergessen Sie dabei nicht, auch Ihren eigenen Urlaub oder andere Abwesenheitszeiten zu berücksichtigen. Ein solcher Plan lässt sich relativ einfach fortschreiben. Speichern Sie Ihre ursprüngliche Planung einmal ab. Danach kopieren Sie diesen »Basisplan« in ein weiteres Arbeitsblatt, das Sie zum Beispiel »Version 2« oder »Stand: Datum« nennen. Nun können Sie die farbigen Kästchen markieren, mit der Maus anfassen und verschieben oder den Plan auch weiter detaillieren.

1.2.7 Projektplanungssoftware

Projektmanagementmethoden sind inzwischen relativ ausgereift. Bei Ihrer Umsetzung kann geeignete Software helfen. Zur Verfügung stehen Brainstorming-, Analyse- und Visualisierungstools. Wirkungsvollstes Instrument zur Planung des Projektes ist jedoch eine Projektplanungssoftware. Sie kann helfen, durch die einzelnen Schritte eines Projektes zu führen:

- Erstellen des Projektplanes
  - Definieren eines Projektes,
  - Planen der Projektaktivitäten,
  - Planen von Ressourcen,
  - Planen der Projektkosten,
  - Qualitätssicherung,
  - Optimieren des Projektplanes.
- Überwachen und Verwalten des Projektes
  - Projektfortschritt überwachen,
  - Terminplan verwalten,
  - Kosten verwalten,
  - Umfang verwalten,
  - Beherrschen der Risiken,
  - Erstellen von Projektstatusberichten.
- Abschließen des Projektes
  - Überprüfen der endgültigen Projektinformationen,
  - Erstellen eines Abschlussberichtes.

Bei kleineren und überschaubaren Projekten ist dies auch mit einer Tabellenkalkulation wie beispielsweise MS Excel oder auch mit den Gliederungsfunktionen von MS Word o. Ä. relativ einfach möglich. Hier ist der Arbeitsaufwand für den Einstieg geringer, es fehlen allerdings die vielfältigen Möglichkeiten, um auch komplexere Aufgaben zu beherrschen.

Die Anzahl der marktverfügbaren Programme ist schwer überschaubar. Einen Überblick über die gängigsten Programme veröffentlichte zum Beispiel die Zeitschrift CT (siehe Literatur). Dort wurden getestet: Plus.1 der Firma acos, CS Projekt Professional 3.0 der Firma Crest, Sictor Projekt Scheduler 8, Microsoft Project 2000, Sure Trak Projekt Manager 3.0 von Primavera Systems und TurboProject 4.0 von IMSI. Geprüft wurden die Bereiche Projektdefinition, Verwaltung und Fortschrittskontrolle, Ressourcenabgleich und Berichtswesen.

Die Unterschiede zwischen den einzelnen Programmen wirken sich für unseren Bereich vor allem bei der Benutzerfreundlichkeit und Kompatibilität aus. Projekte des hier diskutierten Umfanges sind für derartige Softwareprodukte vergleichsweise trivial. Da die mathematischen Fähigkeiten weniger stark gefordert werden, ist eher zu fragen, welcher Aufwand für den Einstieg in die Benutzung und die Bedienung des Programms erforderlich ist und welche Möglichkeiten der Darstellung gewählt werden können.

Nach meiner Auffassung hat hier der Marktführer Microsoft mit seinem Programm MS Project die Nase vorn. Die Benutzeroberfläche ist den gängigen MS Office-Produkten verwandt, die auch im Bereich der öffentlichen Verwaltungen stark verbreitet sind. Dies erleichtert den Einstieg erheblich. Das »Gesicht«, die Benutzeroberfläche, dürfte den meisten von uns bekannt vorkommen. Eine ganze Reihe von Funktionen zeigen die Verwandtschaft mit MS Word, MS Excel und der übrigen Microsoft-Familie. Den Einstieg in die Grundfunktionen erleichtern die umfangreichen Hilfefunktionen, eine Kurzübersicht, ein Lernprogramm, ein Projektwegweiser und andere Helfer.

Zwei bis drei Tage sollten Sie für ein Selbststudium und den ersten, überschaubaren Projektplan schon rechnen. Möchten Sie die Software in Arbeitsgruppen einsetzen, ins Inter- oder Intranet einbinden und den vollen Funktionsumfang mit umfangreichen Berichten nutzen, werden Sie jedoch wahrscheinlich professionelle Hilfe benötigen.

Vorgänge lassen sich mittels der Software zunächst in einer Vorgangsliste erfassen, gliedern, verschieben, beschreiben und verknüpfen. Die Vorgangsliste kann Vorgänge in verschiedenen Gliederungsebenen strukturieren und als Projektstrukturplan (PSP) darstellen. Mit nur wenig Übung kann ein Brainstorming und die weitergehende Strukturierung auch direkt in der Vorgangsliste des Programms erfolgen. Hier lässt es sich einfacher erfassen und ordnen, als mit handgeschriebenen Listen oder Karten etc.

1.2.8 Projektplanung mit MS Project

Software allein stellt noch keinen geordneten Projektablauf sicher! Mit einem Projektplanungsprogramm geht es jedoch komfortabeler. Die Planung und Abwicklung des Projektes kann, besonders bei komplexeren Projekten, wesentlich erleichtert werden. Große Projekte sind ohne EDV-Einsatz mit vertretbarem Aufwand nicht zu beherrschen.

Die Anzahl der Programme ist fast unüberschaubar. Ich will Sie nicht auf ein bestimmtes Projekt festlegen. Dieses Buch kann jedoch kein Marktüberblick über Projektmanagement-Software sein. Daher und aus den weiter oben genannten Gründen beschränke ich mich hier auf die Verwendung von MS Project.

Leistungsumfang
Die Hilfefunktionen von MS Project ermöglichen Ihnen eine Projektplanung praktisch ohne Vorkenntnisse in diesem Thema. Das Lernprogramm bietet Ihnen einen Überblick, nicht nur über diese Software, sondern über den Komplex der Projektplanung mit einer eigenen Methode. In der stand-allone-Version haben Sie zunächst einmal die Möglichkeit, die oben beschriebenen Schritte der Projektplanung durchzuführen. Dabei führen Sie die Assistenten und die vielfältigen Hilfefunktionen durch das Programm. Lassen Sie sich einfach mitnehmen!

Links neben Ihrem neuen Projekt liegt ein interaktiver »Spickzettel«, der Ihnen jeweils die nächsten Arbeitsschritte vorschlägt und auf Wunsch erläutert (Bild 6):

Der »Projektberater« schlägt Ihnen die Vorgehensweise bei der Planung des Projektes vor:

- Definieren des Projektes,
- Definieren der Arbeitszeiten (Sie können für die Berechnung verschiedene Kalender mit unterschiedlichen Arbeitszeiten einrichten),
- Auflisten der Vorgänge im Projekt (die »Vorgangsliste«),
- Organisieren der Vorgänge in (Projekt-)Phasen, also die Anlage eines Projektstrukturplanes (PSP),
- Berechnen von Vorgängen,
- Anfügen oder verknüpfen von und mit Vorgangsinformationen,

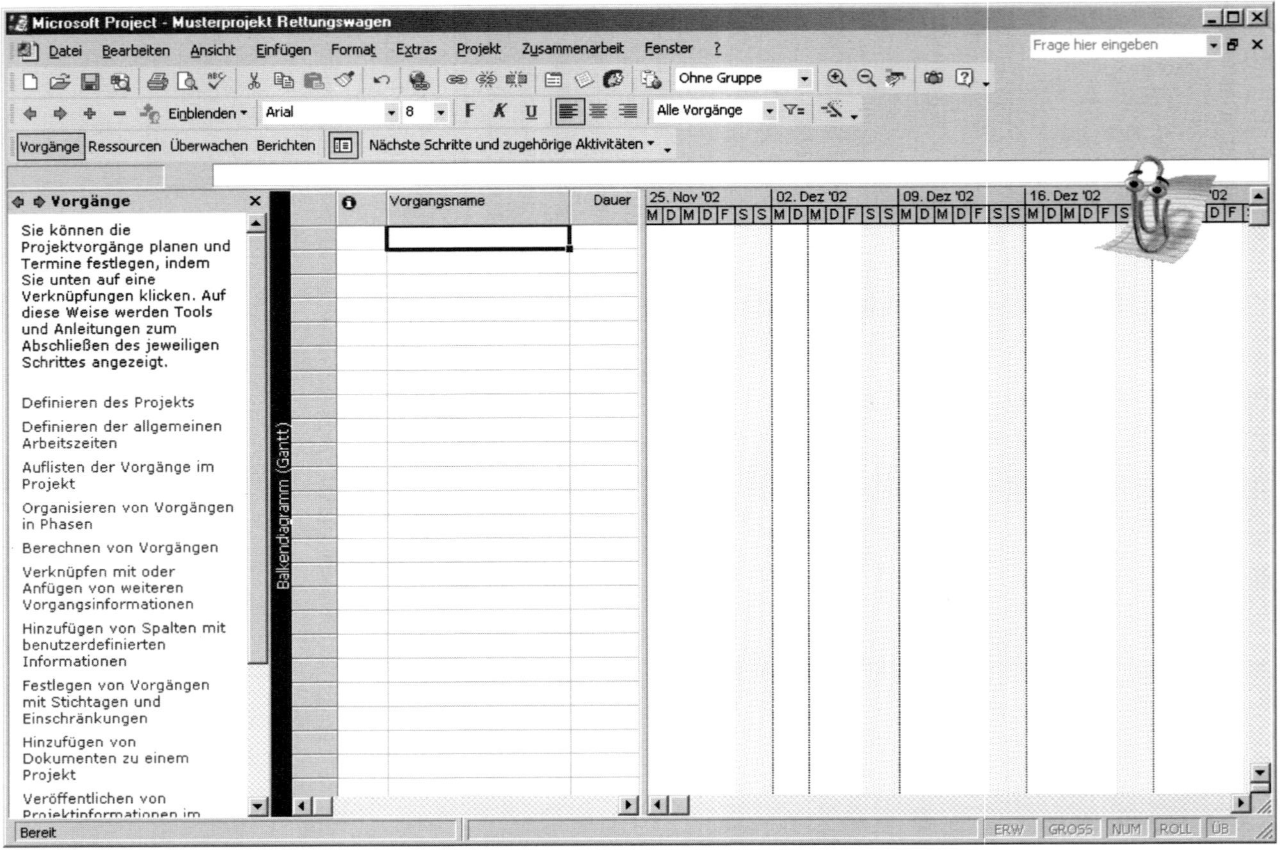

Bild 6: Bei MS Project wird links neben dem Projekt eine interaktive Hilfe eingeblendet.

- Hinzufügen von Spalten mit benutzerdefinierten Informationen,
- Festlegen von Vorgängen mit Stichtagen und Einschränkungen (Vorgang muss enden am .../... darf nicht beginnen vor...),
- Hinzufügen von Dokumenten zu einem Projekt (Verknüpfen des Projektplanes mit der Projektdokumentation),
- Veröffentlichen von Projektinformationen im Web (zum Beispiel Intranet der Organisation oder Internet).

Der erste Teil führt Sie also schrittweise bis zur Fertigstellung der Projektplanung. Später wird Sie die Software auch bei der Abwicklung des Projektes unterstützen. Dazu gehören dann die Optimierung und Fortschreibung des Projektplanes, die Verwaltung des Projektes ebenso wie die Fertigung von Berichten. Am Ende können Sie Soll und Ist in einem Abschlussbericht gegenüberstellen.

Sie können Terminplanungen und andere Projektinformationen weitergeben, Aufgaben übertragen und sich den aktuellen Projektstatus ansehen. Für Ihre Projektarbeit können Sie andere Microsoft-Programme, wie MS Word, MS Excel und MS Outlook einbeziehen.

Dabei wird das Programm auf der Basis der eingegebenen Informationen den Projektplan sofort anpassen. Sie sehen also sofort, wie sich zum Beispiel ein Verzug bei der Lieferung der Fahrgestelle oder ein Widerspruch gegen den Vergabevorschlag auf die darauf folgenden Projektschritte und den Endtermin auswirkt. Und Sie haben die Möglichkeit, ohne viel Aufwand Optimierungsmöglichkeiten durchzuspielen.

Wenn Sie die Grundfunktionen des Programms erst einmal beherrschen, können Sie sich Informationen in vielen verschiedenen Ansichten darstellen lassen und eingeben, zum Beispiel Tabelle, Balkendiagramm, Kalender, Netzplan und andere auch benutzerdefinierte Ansichten. Selbstverständlich können Sie auch wie in MS Access oder MS Excel verschiedene Filter setzen und Informationen gezielt auswerten. Bei der Darstellung »Netzplan« haben Sie die Möglichkeit, sich den kritischen Pfad darstellen lassen. Auf Wunsch kann MS Project nicht nur Termine und Ressourcen, wie menschliche (auch Ihre) Arbeitskapazität überwachen und berücksichtigen. Sie haben auch die Möglichkeit, Kosten, also Ihr Projektbudget, zu überwachen. Sie haben – wenn Ihre Eingaben stimmen – stets einen aktuellen Projektstatus vor Augen. Wenn Sie bestimmte Informationen hervorheben möchten, können Sie beispielsweise im Balkendiagramm die Darstellungsformen individuell gestalten oder Grafiken aus anderen Programmen einfügen. Bei der Pflege und Anpassung Ihres Projektplanes kön-

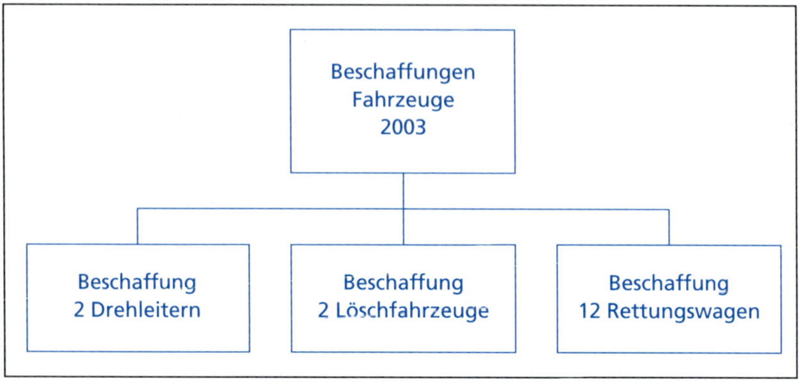

Bild 7: Multiprojekttechnik bezeichnet das gleichzeitige Verwalten verschiedener Projekte.

nen Sie einfach Vorgänge unterbrechen, aufteilen, verlängern, verkürzen und verschieben und so dem augenblicklichen Stand anpassen. Nicht zuletzt können Sie Berichte, Vorgangs- oder Ressourceninformationen und komplette Projektpläne ausdrucken und vorher Ihren Wünschen anpassen. Man sollte allerdings seinem Spieltrieb nur soweit folgen, wie es wirklich dem Ziel dient. Mit diesem riesigen Werkzeugkasten kann man durchaus tagelang spielen, ohne dem Projektziel nur einen einzigen Schritt näher zu kommen.

Wenn Sie etwas fortgeschritten sind, können Sie auch mehrere Projekte gleichzeitig verwalten und diese (Einzel-)Projekte in einem übergeordneten Projekt zusammenfassen (neudeutsch: »Multiprojekting« oder etwas schlichter »Mehrprojekttechnik«; Bild 7).

Als Leiter einer Arbeitsgruppe/Abteilungsleiter können Sie so leichter den Überblick über alle laufenden Projekte behalten und sich die benötigten Informationen zum gewünschten Zeitpunkt selbst abholen. Dabei lassen sich auch die Auswirkungen von Verschiebungen in einem Projekt auf andere Projekte erkennen. Zum Austausch von Projektinformationen können E-Mail-Systeme, ein hauseigenes Intranet oder das Internet genutzt werden. Dateien können im HTML-Format gespeichert und Hyperlinks eingefügt werden. Bei der Professional-Version von MS Project haben Sie eine wesentlich größere Vielzahl von Möglichkeiten der Zusammenarbeit und Information in Arbeits- und Projektgruppen oder auch im gesamten Unternehmen. Microsoft Deutschland hat für sich selbst errechnet, dass durch die verbesserten Möglichkeiten der Projektkommunikation in diesem Großunternehmen, umgelegt auf die Zahl der beteiligten Mitarbeiter, zwei Arbeitstage im Monat eingespart werden. Alles in allem ist MS Project ein mächtiges Werkzeug. Und, wie häufig bei ähnlichen Werkzeugen, je tiefer Sie einsteigen, umso größer können Aufwand und Erfolg sein. Allerdings: Von meinem wissenschaftlich-technischen Taschenrechner nutze ich auch nur einen Bruchteil der Optionen wirklich! Welchen Bruchteil, kann ich allerdings selbst bestimmen.

2 Einleitung einer Beschaffung

Beschaffungsvorhaben für Sonderfahrzeuge von Feuerwehren und Rettungsdiensten werden in der Mehrzahl von den Gebietskörperschaften oder von unter deren Einfluss stehenden Einrichtungen durchgeführt. Dabei sind die Vorschriften für die öffentliche Haushaltsführung zu beachten.

Bund und Länder stellen auf der Basis der Haushaltsordnungen Haushaltspläne auf. Die Haushaltspläne dienen der Feststellung und Deckung des Finanzbedarfs der öffentlichen Haushalte, soweit dies für den Bewilligungszeitraum voraussichtlich notwendig ist. Haushaltspläne sind die Grundlage für die Haushalts- und Wirtschaftsführung. Der Haushaltsplan ermächtigt die Verwaltung Ausgaben zu leisten (für das laufende Haushaltsjahr) und Verpflichtungen einzugehen (für Folgejahre, so genannte Verpflichtungsermächtigungen). Haushaltspläne haben Gesetzeskraft. Sie binden mittelbar oder unmittelbar alle, die öffentliche Gelder ausgeben wollen. Also auch die meisten Feuerwehren und Rettungsdienste.

In den Haushaltsordnungen der Länder finden sich auch die Vorschriften zur Wirtschaftlichkeit und Sparsamkeit wieder. Dies steht meist, der Bedeutung entsprechend, ganz weit oben im Text:

- Bei der Aufstellung und Ausführung des Haushaltsplanes sind die Grundsätze der Wirtschaftlichkeit und Sparsamkeit zu beachten.
- Für alle finanzwirksamen Maßnahmen sind angemessene Wirtschaftlichkeitsuntersuchungen durchzuführen.
- Für geeignete Maßnahmen von erheblicher finanzieller Bedeutung sind Kosten-Nutzen-Untersuchungen anzustellen.
- Vor der Durchführung von Maßnahmen mit finanzieller Bedeutung ist grundsätzlich deren Zielsetzung zu bestimmen. Während und nach der Durchführung sind die Maßnahmen auf Zielerreichung, Wirksamkeit und Wirtschaftlichkeit zu überprüfen.

Dies ist eigentlich nur das, was jeder von uns beim eigenen Portmonee mit gesundem Menschenverstand tut. (Beim eigenen Fahrzeug werden ja gern umfangreiche Diskussionen über Wirtschaftlichkeit und Zweckmäßigkeit geführt.) Es ist wohl auch nicht zu viel verlangt, wenn man Steuergelder ausgeben will, Überlegungen über den Nutzen und die Wirtschaftlichkeit anzustellen. Und so ganz nebenbei: Wohl jeder von uns ist ja auch Steuerzahler.

Voraussetzung für jede Beschaffung der öffentlichen Verwaltung ist, dass in dem entsprechenden Titel des Haushaltsplanes ausreichende Mittel für eine Beschaffung vorhanden sind oder dass für das Haushaltsjahr, in dem die Zahlung fällig wird, eine Verpflichtungsermächtigung in entsprechender Höhe vorliegt. Die Haushaltsmittel für größere Vorhaben können auch über mehrere Jahre verteilt werden. Ein Beispiel: Für die Beschaffung eines Großrettungswagens sind im Haushaltsjahr 2004 Haushaltsmittel für die Beschaffung des Grundfahrzeuges vorhanden. Für das Haushaltsjahr 2005 liegt eine Verpflichtungsermächtigung in Höhe der für den Ausbau und die Beladung erforderlichen Haushaltsmittel vor. Damit können die Aufträge für die drei Lose Fahrgestell, Ausbau und Beladung in einem gemeinsamen Ausschreibungsverfahren vergeben werden, auch wenn ein Teil der Zahlungen erst in das folgende Haushaltsjahr fällt.

2.1 Durchführung einer Beschaffung durch die Beschaffungsstellen

Die Beschaffungsstellen der Länder und Gemeinden führen die Beschaffung üblicherweise nach dem in Bild 8 abgebildeten Muster durch. Nach diesem Ablaufschema werden die vielen tausend Artikel des alltäglichen Bedarfes der Bedarfsträger bereitgestellt. Dazu gehören Bleistifte, Toilettenpapier, Kraftfahrzeuge, EDV-Anlagen und viele andere Dinge.

Für den speziellen und komplexen Bedarf der Feuerwehren und Rettungsdienste ist jedoch häufig zusätzlich ein aufwändiger und komplexer Planungs- und Projektmanagementprozess erforderlich. Dies stößt bei den Beschaffungsstellen nicht immer auf Verständnis. Hier fehlt auch oft der technische Sachverstand. Schließlich ist doch ein Auto mehr oder weniger ein Großserienprodukt!? Und warum ist dann eine Drehleiter oder ein Rettungswagen nicht »von der Stange« zu beschaffen, sondern ein so aufwändig und komplex zu planendes und individuell herzustellendes Produkt?

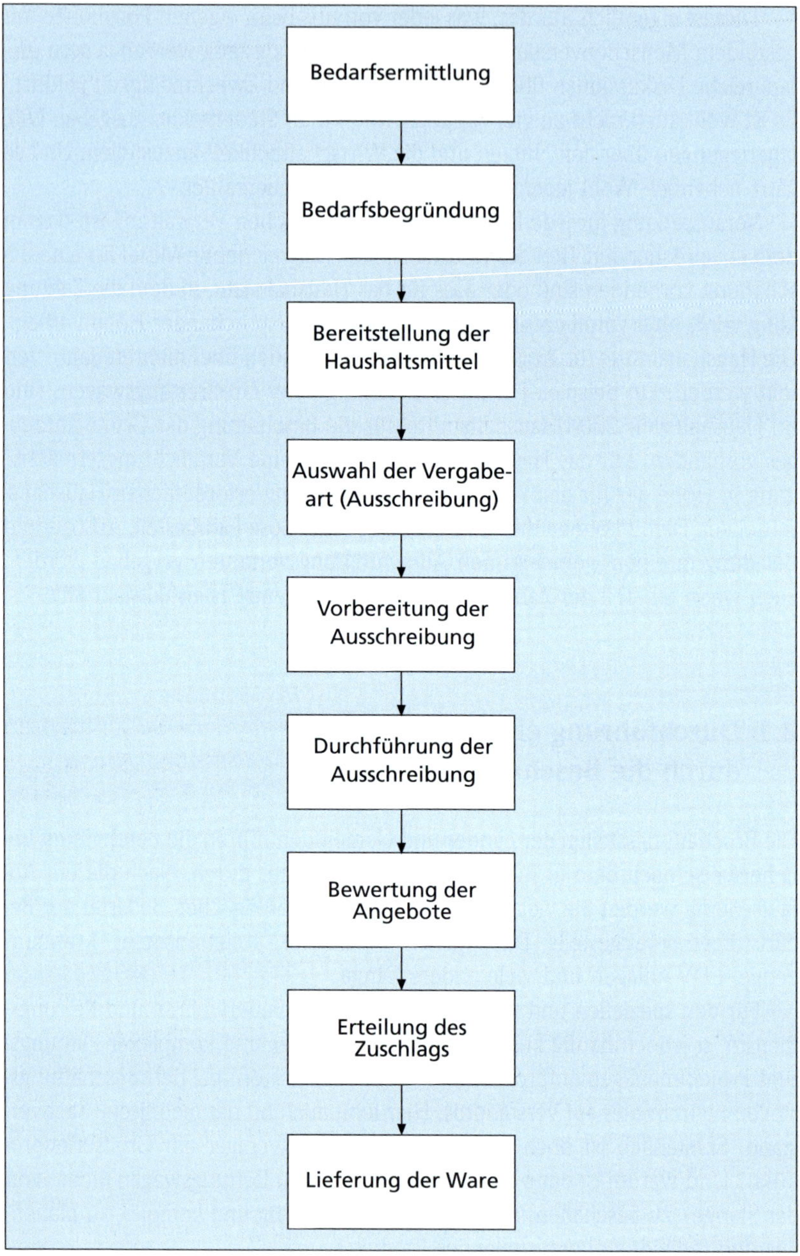

Bild 8: Ablauf einer Beschaffung

Hier ist Überzeugungsarbeit zu leisten. Auch ein normgerechtes Fahrzeug oder Gerät ist eben nicht von der Stange zu haben. Normen für Feuerwehr- und Rettungsdienstfahrzeuge sind keine Konstruktionsnormen, die das Produkt erschöpfend beschreiben. Die für Fahrzeuge verbindlichen Normen legen Mindestanforderungen fest (siehe Kasten »Über die Relevanz der Normung« auf Seite 69). Den Rahmen ausfüllen, beschreiben wie die Mindestanforderungen oder in begründeten Fällen darüber hinausgehende Forderungen zu erfüllen sind, muss der Bedarfsträger. Daher ist in den Ablauf des Beschaffungsvorganges die Planung, Beschreibung und die Prozessbegleitung bei der Umsetzung der Forderungen des Bedarfsträgers zu integrieren. Dies ist ein wesentlicher Inhalt dieses Buches.

2.1.1 Bedarfsfeststellung, Bedarfsbegründung

Beschaffungsbedarfe der öffentlichen Bedarfsträger sind substantiiert und für Dritte nachvollziehbar zu begründen. Die Begründung muss wie der gesamte Beschaffungsvorgang der Nachprüfung durch externe Stellen wie Rechnungshof, Revisionsabteilungen, Rechnungsprüfungsämtern oder anderen standhalten. Es müssen ausreichende Haushaltsmittel bereitstehen und eine schlüssige Bedarfsbegründung vorliegen. Erst dann darf ein Vergabeverfahren begonnen werden.

Der *Bedarfsträger* trifft zunächst die *Bedarfsfeststellung.* Bedarfsträger ist hier in der Regel die öffentliche Feuerwehr oder der Träger des Rettungsdienstes. Die *Bedarfsbegründung* ergibt sich in der Regel aus der Bedarfsfeststellung. Sie kann eine Vielzahl von Gründen haben:

- Strategische/Taktische Gründe

Die Bedarfsträger halten eine Fahrzeug- und Geräteausstattung entsprechend ihres Feuerwehr- oder Rettungsdienstbedarfsplanes vor. Änderungen dieses Bedarfsplanes können einen Erweiterungsbedarf für Fahrzeuge und Geräte ergeben. Dies kann sowohl die Art, wie auch die Anzahl der vorzuhaltenden Fahrzeuge betreffen. Auch kann sich das Einsatzspektrum so verändern, dass die Fahrzeugausstattung mit neuen Geräten »mitwachsen« muss. Dies kann auch die Beschaffung neuer Fahrzeuge auslösen, wenn neue Geräte nicht mehr sachgerecht untergebracht werden können.

Wenn die Betriebssicherheit eines Fahrzeugs nicht mehr ausreicht, um mit der erforderlichen Wahrscheinlichkeit die Vorgaben der Bedarfsplanung zu erreichen (zum Beispiel Eintreffzeit ≤ zehn Minuten in 95 % der Einsätze), ist das

Fahrzeug zu ersetzen. Hier bietet es sich an, über einen Zeitraum Fahrzeugausfälle, auch verspätetes Ausrücken oder Eintreffen an der Einsatzstelle durch technische Mängel, zu dokumentieren. Auch die ausführlichere Dokumentation herausragender Einzelfälle kann in diesem Fall weiterhelfen.

- Rationalisierungsgründe und Nutzen von Synergieeffekten

Analog dazu kann sich die Notwendigkeit ergeben, selten genutzte Fahrzeuge durch Abrollbehälter zu ersetzen oder Funktionen zusammenzufassen (Beispiel: ein TroLF + ein Schaumtankfahrzeug = ein Abrollbehälter/Fahrzeug Sonderlöschmittel). Ein weiteres Beispiel: Um Personal und Kosten für die Fahrzeugbeschaffung und den -betrieb einzusparen, kann es notwendig werden, von Notarztwagen auf Notarzt-Einsatzfahrzeuge umzustellen.

- Wirtschaftliche Gründe

Dies ist wohl einer der häufigsten Gründe. Wenn die Kosten für die weitere Instandhaltung oder Instandsetzung eines Fahrzeuges den Zeitwert überschreiten oder der Betrieb auf andere Weise unwirtschaftlich erscheint, ist das Fahrzeug zu ersetzen.

- Anpassung an den Stand/die anerkannten Regeln der Technik und/oder den Stand der medizinischen Wissenschaft

Feuerwehr- und Rettungsdienstgesetze der Länder können Qualitätsanforderungen an die Ausstattung der Feuerwehren oder Rettungsdienste stellen. So kann gefordert sein, eine (Fahrzeug-)Ausstattung nach den anerkannten Regeln der Technik und/oder dem Stand der medizinischen Wissenschaft vorzuhalten. Dies ist jedoch ohnehin für Techniker und Mediziner eine selbstverständliche Pflicht.

Vorhandene Fahrzeuge und Geräte genießen grundsätzlich Bestandsschutz. So kann ein vorhandenes Löschfahrzeug weiterbetrieben werden, auch wenn es inzwischen nicht mehr vollständig den anerkannten Regeln der Technik entspricht. Oder ein vorhandenes, in Betrieb befindliches Notfallbeatmungsgerät darf grundsätzlich weiterbetrieben werden, auch wenn es noch nicht über die nach neuerer Norm geforderten Alarme verfügt.

Ausnahmen bestätigen aber die Regel: Das oben Gesagte trifft nur dann zu, wenn das Fahrzeug oder das Gerät beim gleichen Betreiber weiterbetrieben wird. Soll ein gebrauchtes Fahrzeug, beispielsweise ein Rettungswagen, für einem anderen Betreiber neu zugelassen werden, wird es den aktuellen anerkannten Regeln der Technik entsprechen müssen.

Auch in anderen Fällen wird eine Anpassung an die anerkannten Regeln der Technik erfolgen müssen, wenn sie zumutbar und verhältnismäßig erscheint. Dies kann beispielsweise auch bei einem älteren Fahrzeug der Fall sein. Wenn nach neuer Norm die Ausstattung von Krankenkraftwagen mit Patientenrückhaltesystemen auch für Kinder gefordert wird, ist dies ein vergleichsweise geringer Aufwand. Derartige Systeme sind für wenige hundert Euro im Handel erhältlich. Sie können problemlos adaptiert und gegebenenfalls auch auf ein Neufahrzeug übernommen werden.

Verhältnismäßig wäre es wohl nicht, wenn eine Maßnahme hohe Kosten bei einem Fahrzeug auslösen würde, welches ohnehin in relativ kurzer Zeit zur Aussonderung ansteht. Mangelnde Haushaltsmittel allein reichen jedoch als Begründung jedoch nicht aus. Unter Umständen sind für zumutbare Maßnahmen Mittel umzuschichten oder zusätzlich einzuwerben.

3 Projektbeginn: Planung des Beschaffungsprojektes

3.1 Projektauftrag

Startschuss zu jedem Projekt ist ein Projektauftrag. Dabei gehen wir davon aus, dass nicht für die Schublade geplant wird, sondern unmittelbar mit der Umsetzung begonnen werden soll. Idealerweise haben Sie einen schriftlichen Auftrag erhalten, der alles enthält, was Sie wissen müssen. Dies ist jedoch eher die Ausnahme. Mit einiger Wahrscheinlichkeit haben Sie lediglich ein mehr oder weniger deutliches Signal erhalten, dass »da etwas losgehen soll« und Sie der richtige Mann/die richtige Frau dafür sind. Sie werden die erforderlichen Voraussetzungen selbst schaffen müssen. Der erste Schritt ist das Arbeitsaufnahmegespräch. Mit den Ergebnissen des Arbeitsaufnahmegespräches sind Sie in der Lage, einen Auftrag selbst zu formulieren. Oder Sie nehmen gleich die vom Auftraggeber unterschriebene Niederschrift des Arbeitsaufnahmegespräches als Auftrag zur Projektdokumentation.

3.1.1 Arbeitsaufnahme

Als frischgebackener Projektleiter bitten Sie Ihren Auftraggeber zunächst um ein Arbeitsaufnahmegespräch. Erinnern Sie sich an Ihr letztes Seminar zum Thema »Gesprächsführung« und schaffen Sie eine freundliche Gesprächsatmosphäre. Bereiten Sie sich vor, nehmen Sie die Unterlagen zur Hand, die Ihnen von ähnlichen Projekten zur Verfügung stehen. Haben Sie bereits einen schriftlichen Projektauftrag erhalten? Erarbeiten Sie sich einen Fragebogen! Dies schafft Ihnen Sicherheit und vermittelt beim Auftraggeber den Eindruck von Kompetenz und Engagement.

Versuchen Sie möglichst viel über die Rahmenbedingungen zu erfahren: Historie, handelnde Personen, besondere Wünsche und Probleme. Versuchen

Leitzeichen, Verfasser		
Checkliste Arbeitsaufnahmegespräch		
1	Wie heißt das Projekt offiziell?	
2	Wer sind die Ansprechpartner?	
3	Wer wird als Projektleiter benannt?	
4	Welche Termine werden gesetzt? (Meilensteine)	
5	Liegt eine Bedarfsbegründung vor?	
6	Welches Budget steht zur Verfügung? (Haushaltsmittel, Verpflichtungsermächtigungen, ...)	
7	Welche Unterlagen und anderen Informationen stehen zur Verfügung? (Produktinformationen, orientierende Angebote, bisheriger Schriftverkehr, ...)	
8	Welche verbindlichen Entscheidungen und Vorgaben liegen vor?	
9	Welche Forderungen werden Dritten (Arbeitsschutz, Mitarbeitervertretung, vorgesetzte Dienststellen etc.) gestellt?	
10	Welche formalen Rahmenbedingungen sind zu beachten? (Gesetze, Verordnungen, Normen, interne Richtlinien, Dienstanweisungen)	
11	Welche technischen Rahmenbedingungen werden formuliert? (Maße und Gewichte, Führerscheinklassen, vorhandene Stellplätze, Leistungsdaten, Einsatzgebiet)	
12	Welche Mitarbeiter und Mittel stehen für die Projektarbeit zur Verfügung?	
13	Wer ist wann und in welcher Form zu beteiligen?	
14	Welche Kompetenzen werden Ihnen zugestanden?	
...	...	
...	...	

Bild 9: Beispiel für eine Checkliste zum Arbeitsaufnahmegespräch

Sie Offenheit zu erreichen und achten Sie auch auf die Zwischentöne und den Text zwischen den Zeilen. Dies hilft Klippen rechtzeitig zu erkennen.

Stellen Sie möglichst die Checkliste dem Auftraggeber rechtzeitig vor dem Gespräch zur Verfügung (Bild 9). Dokumentieren Sie Teilnehmer und Ergebnisse des Arbeitsaufnahmegespräches. Es sollten auch kontroverse Punkte und die erzielten Gesprächsergebnisse festgehalten werden. Weiter sollte festgehalten werden, welche Unterlagen und Informationen übergeben wurden und wer was bis zu welchem Datum liefern will. Nur so ist es bei späteren Personalwechseln möglich, sich explizit auf die hier getroffenen Vereinbarungen zu berufen.

3.1.2 Protokollführung

Erstellen Sie das Protokoll selbst (Bild 10 auf Seite 48). Wer schreibt, bestimmt wesentlich was nachher im Protokoll steht! Senden Sie das Protokoll allen Beteiligten zu und lassen sie es sich vom Auftraggeber abzeichnen! Nun kann niemand sagen, er habe nichts gewusst oder es so nicht gemeint. Jeder hat noch einmal die Gelegenheit, Richtigstellungen und Korrekturen vorzunehmen.
So legen Sie die Verfahrensbeteiligten auf die Gesprächsergebnisse fest und schaffen frühzeitig Klarheit und Planungssicherheit. Auch bei Personalwechseln und eventuellen späteren Unstimmigkeiten sind Sie auf diese Weise beweissicher. Schaffen Sie ein offenes Verfahren ohne faule Tricks und Geheimniskrämereien!

Nun sollten Sie alle erforderlichen Informationen für den Anfang beisammen haben. Das Projekt kann beginnen! In den vorausgegangenen Kapiteln haben Sie sich mit Begriffen, Werkzeugen und Methoden sowie einigen Grundzügen des Hauhaltsrechtes und der Normung vertraut gemacht. Damit sind Sie in der Lage, das weitere Vorgehen am praktischen Beispiel zu erarbeiten.

Nehmen Sie sich nun die Zeit und machen Sie ich zunächst einen Plan! Erst danach gehen Sie auf den Weg. Nur durch ein vor allem in der Vorbereitungsphase gut geplantes und strukturiertes Vorgehen ist es möglich, die anstehenden Aufgaben effizient zu erledigen. In diesem Sinne wird ein standardisierter Ablauf beschrieben, der sich an die jeweiligen Erfordernisse anpassen lässt. Dabei wird ein Schwerpunkt auf die Planung und Vorbereitung des Projektes gelegt.

Unser Musterprojekt ist die Beschaffung von zwölf Rettungswagen (Es könnte aber auch die Beschaffung von Drehleitern, Löschfahrzeugen, Rüstwagen etc. sein). Dieses Beschaffungsvorhaben teilen wir in vier *Projektphasen* auf:

- Planung,
- Auftragsvergabe,
- Auftragsabwicklung,
- Projektabschluss.

Wir beginnen nun mit der ersten Phase, der Planung. Vorausgesetzt wird die Erteilung eines Projektauftrages und die Bereitstellung der erforderlichen Haushaltsmittel. Ziele sind, den Projektablauf ausreichend genau zu planen und die Planungshase mit einer ausschreibungsfähigen technischen Leistungsbeschreibung abzuschließen.

3.1.3 Projektanalyse

Die Kernfrage ist: »Was will der Auftraggeber mit dem Projekt erreichen?« Analysieren Sie das Arbeitsaufnahmegespräch. Denken Sie dabei an die im ersten Kapitel formulierten Begriffsbestimmungen und Zielarten.

Falls noch nicht geschehen, formulieren Sie jetzt einen schriftlichen Projektauftrag oder einen Gesprächsvermerk, aus dem Ihr Auftrag eindeutig hervorgeht. Dieses Schreiben sollte alle für Ihren Auftraggeber maßgebenden fachlichen, wirtschaftlichen und sonstigen Rahmenbedingungen enthalten. Fügen Sie gegebenenfalls an, dass weitergehende Forderungen oder Ziele nicht formuliert wurden. Lassen Sie sich einen Auftrag vom Auftraggeber unterschreiben. Einen Gesprächsvermerk lassen Sie sich ebenfalls so abzeichnen, dass die Zustimmung des Auftraggebers ausdrücklich erkennbar ist.

3.1.4 Projektdefinition

Aus Ihrer Projektanalyse entsteht die Projektdefinition. Eine tabellarische Darstellung ist dabei am übersichtlichsten:

- Ziele:
- Welche Ziele sind bis wann zu erreichen?
- Umfang:
- Was sind die wichtigsten Vorgänge die durchgeführt werden müssen, um die Ziele zu erreichen?

Muster-Besprechungsbericht (2 Seiten)

Verfasser (Leitzeichen) | Ort, Datum
Telefon, Namenskürzel

Projekt(-name)

Anlass (Arbeitsaufnahmegespräch)
ggfs. Bezug

Ort: ____

Datum: ____

Teilnehmer: ____

Protokollführer: ____

1. (Besprechungs-)Ergebnisse

1. Name des Projektes ist

   ____

2. Als Projektleiter wird

   ____

3. Es werden folgende/keine Termine festgelegt:

   ____

4. Ansprechpartner sind:

   ____

5. Eine Bedarfsbegründung liegt vor/wird von ____________________ geliefert
6. Es stehen
   Haushaltsmittel in Höhe von ________ Euro
   für das laufende/folgende Haushaltsjahr und
   Verpflichtungsermächtigungen in Höhe von ______ Euro
   bei Titel ____________________ zur Verfügung
7. Es werden folgende Unterlagen übergeben:

   ____

   ____

   ____

Bild 10: Die Protokollführung ist bei Projekten immer wichtig. Als Beispiel kann dieser Muster-Besprechungsbericht dienen.

8. Es liegen folgende verbindliche Entscheidungen vor:

____

____

9. Von __________________ werden folgende weitere Forderungen gestellt:

____

____

10. Es sind folgende Vorschriften zu beachten:

____

____

11. Es sind folgende technische Rahmenbedingungen zu beachten:
Max. Hauptmaße (L × B × H) ____________________________
Max. zulässiges Gesamtgewicht __________
Führerscheinklasse _______
Fahrzeug muss an folgenden Stellplätzen stehen können

____

____

Mindestmotorleistung/Beschleunigung, weiter Forderungen

____

____

12. Es werden folgende Mittel und Mitarbeiter für die Projektarbeit zur Verfügung gestellt:

____

____

13. Es werden folgende Kompetenzen zugestanden:

____

____

2. Verfügung/Verteiler

1. Auftraggeber mit der Bitte um Zustimmung ☐ ja ☐ nein
2. Teilnehmer zur Kenntnis, ggfs. z.w.V.
3. weitere Betroffene zur Kenntnis
4. Projektleiter zum Vorgang

Unterschrift	Unterschrift
Protokollführer	Projektleiter

- Annahmen:
  - Welche Ressourcen stehen zur Verfügung?
  - Wie viel Zeit haben Sie, um die Ziele zu erreichen?
  - Welche Meilensteine und Termine gelten für das Projekt?

3.1.5 Projektdokumentation

Als nächstes bereiten Sie die Projektdokumentation vor. Ziel ist es, das Projekt so zu dokumentieren, das jeder Dritte ohne Nachfragen den Projektablauf nachvollziehen kann. Dieses Verfahren sichert Sie und den Projektablauf ab. Es schützt Sie bei Unstimmigkeiten, bei Prüfungen durch Revisionsinstanzen und in eventuellen gerichtlichen Auseinandersetzungen.

Die Gliederung der Projektdokumentation ergibt sich aus dem Projektablauf. Es entsteht nach und nach eine hierarchische Struktur. Nehmen Sie sich einen Aktenordner und eine Anzahl Trennblätter. Zunächst gliedern Sie das Projekt in die Projektphasen

- Auftrag,
- Planung,
- Auftragsvergabe,
- Auftragsabwicklung,
- Garantieüberwachung und Erfolgskontrolle.

Damit hat Ihr Projekt bereits eine Grobstruktur bekommen. Sie können sich nun entscheiden: Wollen Sie das Projekt ordentlich durchplanen oder lohnt der Aufwand nicht? Handelt es sich um ein kleineres Projekt von untergeordneter Bedeutung? Können Sie aus der Erfahrung den Ablauf ausreichend genau abschätzen? – Dann könnten Sie jetzt weiterblättern.

Ich rate Ihnen dazu, grundsätzlich immer einen Plan zu machen. Je nach Projektumfang und Ihrer Erfahrung kann dieser Plan mehr oder weniger detailliert sein. Haben Sie künftig häufiger mit derartigen Projekten zu tun, legen Sie sich einen Musterplan und einen Muster-Projektordner an.

Dies trifft auch für die Arbeit am Personalcomputer zu. Es hat sich in der Praxis bewährt, die Ablage projektbezogen – ähnlich wie oben dargestellt – zu strukturieren. Also *nicht nach Dateiarten*, wie

...\Sachgebiet Planung\Leistungsbeschreibungen\... oder ...\Technik\Diverses\Tabellen\Entwurf-Beladeliste, sondern *inhaltsbezogen:*

- Fahrzeuge
  - Rettungswagen 2003
    - Planung
    - Leistungsbeschreibung
    - Vergabeverfahren

Die (Über-)Lebensversicherung

Lassen Sie uns einmal nebenher über weniger angenehme Dinge reden. Glauben Sie, alle Menschen dieser Welt seien Ihnen wohlgesonnen? Tatsächlich? Dann sind Sie ein glücklicher Mensch – oder ein Träumer! Was wird Ihrer Meinung nach ein Vorgesetzter oder anderer wichtiger Mensch tun, wenn etwas schief geht? Nun, fast alle werden ihr Haupt mit Asche bestreuen und selbstverständlich alle Schuld auf sich nehmen! Aber was ist mit den wenigen, die nicht ganz so heldenhaft sind? Vergessen Sie nicht, es geht manchmal um viel Geld und Prestige. Ein teures Einsatzfahrzeug oder gar eine ganze Serie, die Monate zu spät geliefert wird, viel teuer wird als geplant, im Einsatz medienwirksam versagt oder viel Zeit in der Werkstatt verbringt, ist ausgesprochen imageschädlich.

Man könnte auf die Idee kommen, ein Bauernopfer darbringen zu müssen, um die Götter zu besänftigen. Und Sie sollten dafür sorgen, das Sie nicht der Bauer sind! Dazu gibt es zwar keine Garantiescheine, aber ein dreistufiges Sicherheitspaket:

1. Dokumentation

Eine »Versicherung« ist eine ordentliche Projektdokumentation wie zuvor beschrieben. Sie sorgt bei allen für Klarheit! Hier kann jedermann nachlesen, wer sich wann und wie geäußert hat; wer wann über welche Probleme informiert wurde oder wer wann und auf der Basis welcher Informationen wie entschieden hat. Und jeder Beteiligte weiß von dieser Dokumentation und wird dies berücksichtigen.

Tipp: Bekommen Sie wiederholt Vermerke oder Bitten um schriftliche Entscheidungen ohne die gewünschte Unterschrift oder Entscheidung zurück und können Sie dies nicht erzwingen? Folgende Verfahrensweise ist dabei hilfreich: Legen Sie den Vermerk noch einmal persönlich vor (nett und freundlich: »Ach, Entschuldigung, Sie hatten hier noch Ihr Handzeichen/Ihre Entscheidung vergessen...«). Sorgen Sie notfalls dafür, dass (zufällig) Zeugen anwesend sind. Gelingt dies nicht, vermerken Sie selbst auf der Vorlage »Am... erneut vorgelegt, ohne Unterschrift/mit mündlicher Entscheidung am... zurück.« Sorgen Sie auch hier möglichst für Zeugen und vermerken Sie diese Zeugen notfalls.

2. Die Handakte

Bei Vermerken oder Entscheidungsvorlagen von entscheidender Bedeutung können Sie einen Schritt weiter gehen. Selbstverständlich werden Sie Ihre Vorgesetzten oder wichtige Gremien jederzeit rechtzeitig und ehrlich über den Projektablauf informieren und die notwendigen Entscheidungen herbeiführen. Dabei können Dokumente entstehen, die Ihrem Interesse auf keinen Fall verschwinden sollten. Haben Sie den

Verdacht, dass die Vorlage unter Umständen zu einem späteren Zeitpunkt »verloren gehen« könnte, setzen Sie eine Schlussverfügung hinzu:

Verfügung
1. Herrn/Frau... zur Kenntnis/mit der Bitte um Entscheidung
2. Herrn/Frau...
3. Herrn/Frau...
4. Durchschrift zur Handakte

Damit weiß jeder Leser, dass es noch eine weitere Kopie der Vorlage gibt und es sinnlos ist, das Dokument verschwinden zu lassen.

3. Das Schließfach

Ist »Feuer unter dem Dach« oder riecht es stark danach, kommt das Schließfach zum Einsatz. Wenn Ihr Haus brennt, sollten alle wichtigen Dokumente sicher in einem Bankschließfach liegen. Was passiert aber wenn im Betrieb jemand eine »Bombe platzen lässt«, während Sie im Urlaub sind? Leben Sie in einem latent gefährdeten Klima, sollten Sie dafür sorgen, dass sich Kopien entscheidender Dokumente an einem Ort befinden, der nur Ihnen zugänglich ist. Dies hört sich nicht nur ziemlich dramatisch an, sondern ist es auch. Stellen Sie sich einmal folgende Geschichte vor:

Ein Projekt ist richtig schief gegangen oder Sie haben – eventuell ohne es zu wissen – einflussreichen Leuten heftig auf die Zehen getreten. Sie denken nichts Böses, als Sie morgens die Zeitung aufschlagen und folgende Schlagzeile lesen: »Tod im Park! Hat der Rettungsdienst versagt?« Das von Ihnen frisch beschaffte Medizinprodukt hat (angeblich) bei einem Einsatz versagt. Und man hätte ja auch schon vor der Beschaffung gewarnt. Die Techniker hätten gegen den Rat der kompetenten Fachleute gehandelt. Das Telefon klingelt, ein Kollege fragt, wann Sie denn zum Dienst kommen möchten. Später erscheint Ihr guter Bekannter von der zuständigen Aufsichtbehörde (»zufällig« bringt er diesmal einen Kollegen mit und möchte auch keinen Kaffee). Der »Flurfunk« spricht schon davon, das wohl nicht alles mit rechten Dingen zugegangen sei. Noch etwas später erscheinen zwei freundliche Herren von der Polizei: »Dürfen wir uns ein paar Notizen machen?«

Sie sehen, es ist schön wenn es ein Schließfach gibt, Sie die richtigen Dokumente zur Verfügung haben, und die Vorwürfe zerplatzen wie Seifenblasen. Spätestens beim zweiten Versuch sind Ihre Gegner gewarnt! (Diese Geschichte ist natürlich frei erfunden.)

Wenn es soweit kommen sollte, brauchen Sie möglichst viele Freunde. Sie werden dann merken, wer wirklich dazu zählt! Besser ist es, Sie lassen es nicht soweit kommen. Bei derartigen Auseinandersetzungen kann es nicht nur Gewinner und Verlierer geben. Es kann auch zwei Verlierer geben! Es bleiben immer Verletzte auf der Strecke und es werden Rechnungen für später geschrieben. Die beste Versicherung, es nicht soweit kommen zu lassen, ist Ihr Sicherheitspaket. Es funktioniert vor allem als Strategie der Abschreckung! Potenzielle Gegenspieler erfahren rechtzeitig davon und werden sich hüten! Und dafür, dass sie es erfahren, kann man ja sorgen. Bei der Gelegenheit kann man auch gleich einmal ausprobieren, wer mit wem redet. Auch das sollte ein guter Projektleiter wissen.

3.2 Erstellen eines Projektplanes

Nur durch ein gut geplantes und strukturiertes Verfahren ist es – vor allem in der Vorbereitungsphase – möglich, die anstehenden Aufgaben effizient zu erledigen. In diesem Sinne wird ein standardisierter Ablauf beschrieben, der sich an die jeweiligen Erfordernisse individuell anpassen lässt.

Eine Einführung in das Erstellen eines Projektplanes mit einem Papierkalender und einem Bleistift, einer Tabellenkalkulation oder einem Projektplanungsprogramm wurde bereits im Kapitel 1 gegeben. Am Beispiel der Projektplanung mit MS Project setzen wir dies nun in ein praktisches Beispiel um. Selbstverständlich sind Sie nicht auf diesen Vorschlag festgelegt, sondern können jederzeit auf der Basis der geschilderten Grundlagen oder mit Hilfe der Assistenten und des Lernprogramms der Software einen eigenen Plan entwickeln. Gehen Sie dabei nach der *Top-Down-Methode* oder der *Bottom-Up-Methode* vor.

Ein Projektplanungsprogramm wie MS Project ist zweifellos das eleganteste und wirkungsvollste Werkzeug für die Projektplanung. Im vorausgegangenen Kapitel haben Sie schon einiges darüber gehört. Diese Anleitung soll nicht das Benutzerhandbuch oder die umfangreichen Hilfefunktionen von MS Project ersetzen. Aber auch wenn Sie mit anderen Werkzeugen arbeiten, können Sie nach der gleichen Methode vorgehen. Ich gehe davon aus, dass Sie sich schon ein wenig mit dem Programm vertraut gemacht haben. Sie müssen für den Einstieg nicht unbedingt erst ein mehrtägiges Seminar besucht haben. Benutzen Sie das Lernprogramm und verlassen Sie sich ruhig auf die umfangreichen Hilfefunktionen.

Starten Sie MS Project. Legen Sie als erstes mit der Funktion »Datei neu« einen neuen Projektplan an. Falls Sie noch keinen Musterplan haben, können Sie den nun entstehenden Plan in ein oder zwei Stadien als Vorlage in einem separaten Ordner speichern. Speichern Sie den Projektplan mit dem Befehl »Speichern unter« in Ihrem Projektordner ab: *Projekte\Fahrzeugbeschaffungen 2003\Rettungswagen\Planung*

3.2.1 Projektphasen

Als erstes tragen Sie nun in der Vorgangsliste die einzelnen Projektphasen ein (Bild 11). Wir haben Sie bereits weiter oben besprochen (Sie können sie aber auch aus der Abbildung abschreiben). Schreiben sie die einzelnen Vorgänge wie

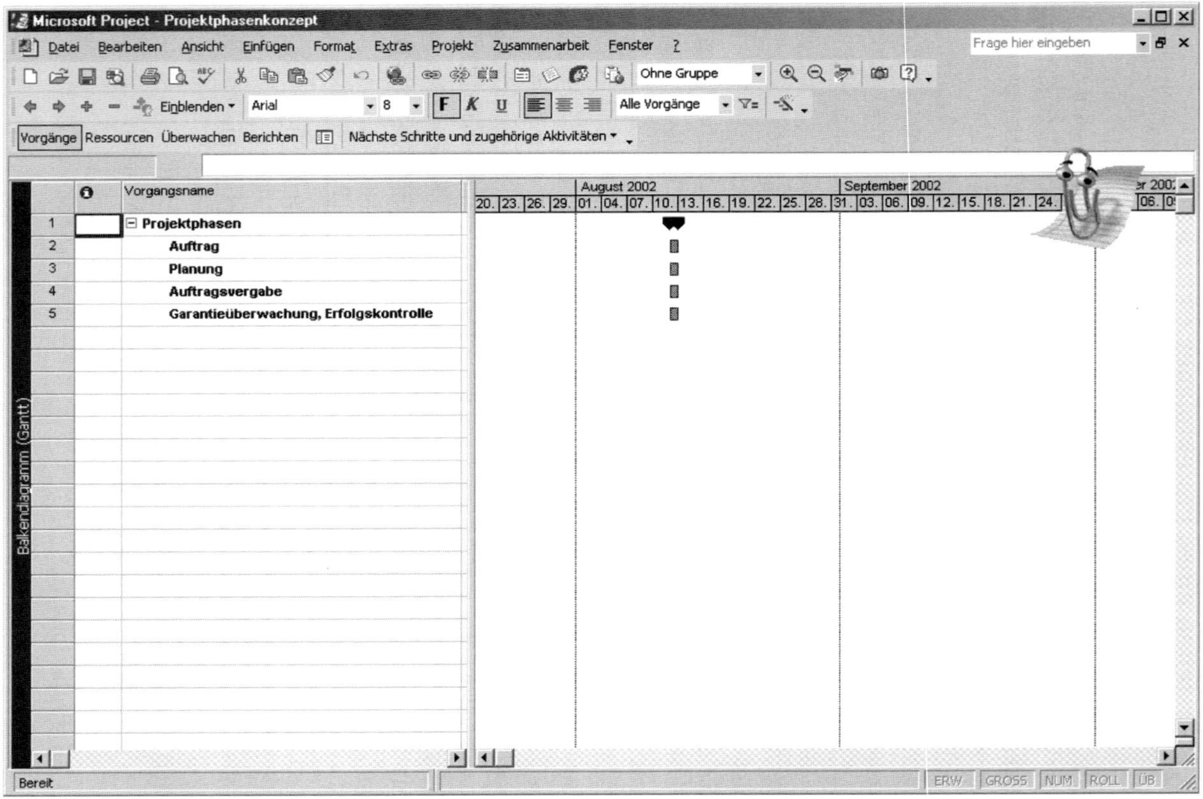

Bild 11: In den Projektplan werden zunächst die Projektphasen eingetragen.

in einer Tabellenkalkulation untereinander. Anschließend benutzen Sie die Gliederungsfunktionen um die Vorgänge hierarchisch zu gliedern. Danach können Sie diese Fassung separat als Vorlage für spätere Projekte, die nichts mit Fahrzeugbeschaffungen zu tun haben, abspeichern. Kümmern Sie sich zunächst nur um die Vorgangsliste und die daneben stehende Informationsspalte. Dort können Sie später an dem Symbol eines kleinen, gelben Klebezettels erkennen, ob Sie dem Vorgang Informationen hinzugefügt haben. Die Vorgangsliste verhält sich ähnlich wie eine Tabellenkalkulation. Mit der Funktion »Neuer Vorgang« können Sie einzelne Zeilen einfügen. Oder Sie markieren mehrere Spalten gleichzeitig und verschieben Sie mit der Maus. So ist es relativ einfach, in der Liste zu navigieren.

3.2.2 Projektstruktur

Nun entwickeln Sie aus dem Projektphasenkonzept schrittweise den Projektstrukturplan. Um Ihnen die Arbeit zu erleichtern, können Sie das Muster in den Bildern 12a und 12b übernehmen. Aus Platzgründen ist an dieser Stelle nur die Planungsphase ausführlich dargestellt. Die folgenden Projektphasen werden in diesem Beispiel nicht untergliedert.

Speichern Sie den Plan unter einem neuen Namen. Fügen Sie, wie in einer Tabellenkalkulation, in der Spalte »Vorgangsname« die abgebildeten Vorgänge ein. Gliedern Sie die Vorgänge anschließend mit Hilfe der Gliederungsfunktionen wie abgebildet. Nun erscheinen die übergeordneten Vorgänge als so genannte »Sammelvorgänge«, im Diagramm als schwarze Balken, die wie eine Klammer untergeordnete Vorgänge zusammenfassen. In der Vorgangsliste werden die Vorgänge entsprechend der Gliederungsebene eingerückt. Neben den Sammelvorgängen erscheint ein kleines Kästchen mit einem Plus- oder Minus-Symbol. Damit können Sie nun die untergeordneten Vorgänge ein- oder ausblenden. Auf diese Weise sehen Sie immer nur die Vorgänge, die Sie zurzeit tatsächlich brauchen. Nun bekommt die Vorgangsliste langsam eine Struktur. Neben der Vorgangsliste sehen Sie in der Ansicht »Gantt-Diagramm« die Symbole für die Einzel- und Sammelvorgänge sowie einige Meilensteine. Alle Vorgänge dauern in der Voreinstellung zunächst einen Tag und beginnen am gleichen Datum.

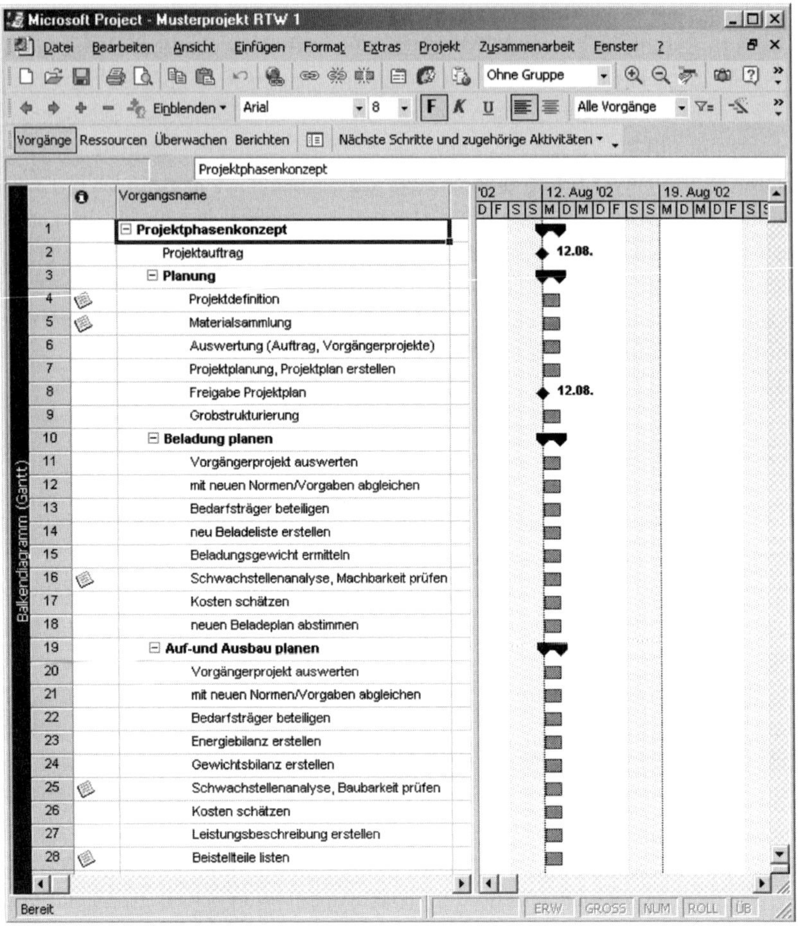

Bild 12a: Beispiel für einen Projektstrukturplan

3.2.3 Vorgangsdauer eingeben

Schieben Sie nun den Trennbalken neben der Vorgangsliste nach rechts. Es erscheinen die Spalten »Dauer«, »Anfang« und »Ende«. Gehen Sie nun in die Spalte »Dauer« und geben Sie bei den Einzelvorgängen (nicht bei den übergeordneten Sammelvorgängen) die von Ihnen geschätzte Dauer ein. Wenn Sie nicht sicher sind, fragen Sie Kollegen oder Vorgesetzte mit Erfahrung. Gehen Sie von einer eher pessimistischen Schätzung aus.

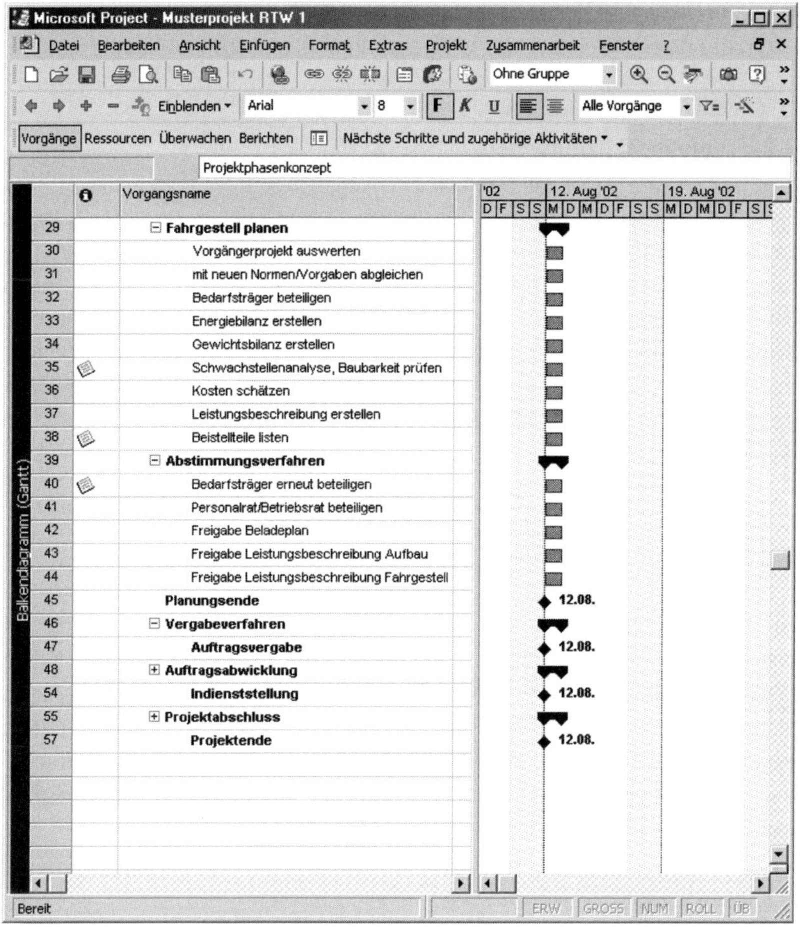

Bild 12b: Beispiel für einen Projektstrukturplan

Aus praktischen Gründen sollten Sie grundsätzlich volle Kalenderwochen wählen oder korrespondierenden Vorgängen gemeinsam volle Wochen zuweisen. (Auch die Freigabe der Planung ist zwar nur ein Kopfnicken oder eine Unterschrift; bis Sie dieses Nicken oder die Unterschrift haben, können aber durchaus ein paar Tage vergehen.) Eingabe: »1w« für eine Woche oder »2t« für zwei Tage usw.

Bei den Vorgängen »Freigabe Projektplan, Freigabe Beladeplan« usw. klicken Sie doppelt auf den Vorgangsnamen. Es öffnet sich das Fenster »Informationen zum Vorgang«. Kennzeichnen Sie dort den Vorgang als »Meilenstein«. Im Diagramm verwandelt sich der Vorgang nun in eine schwarze Raute (Bild 13).

3.2.4 Vorgangsbeziehungen

Sie sehen nun, dass sich automatisch die Balken neben den einzelnen Vorgängen an die eingegebene Dauer anpassen. Noch stehen diese Vorgangsbalken »beziehungslos« untereinander. Damit daraus ein Diagramm wird, müssen wir nun in der Spalte »Vorgänger« die Zeilennummer des jeweiligen Vorgängers eingeben. Selbstverständlich kann ein Vorgang auch mehrere Vorgänger haben. Er beginnt in der Grundeinstellung dann, wenn der letzte Vorgänger abgeschlossen ist. Nun entwickelt sich ein Gantt-Diagramm, in dem die Vorgangsbeziehungen zwischen den Einzelvorgängen durch Pfeile dargestellt werden (Bild 14 auf Seite 60).

3.2.5 Ressourcen zuordnen

Als nächstes können Sie in der Spalte »Ressource« die erforderlichen Ressourcen eingeben. In unserem Fall sind dies Personen, Organisationseinheiten (Sachgebiet, Abschnitt) oder Unternehmen. Sie können die Personen mit ihrem Namen, Namenskürzel, ihrer Funktion oder Leitzeichen benennen, also zum Beispiel »Müller«, »Mü«, »Sachgebiet Planung«, »F 032« o. Ä. Sie sollten jedoch bei einer einheitlichen Nomenklatur bleiben und nicht hin und her springen. Wahrscheinlich werden Sie selbst die häufigste Ressource sein.

3.2.6 Projektplan ausdrucken

Formatieren Sie nun den entstandenen Projektplan für den Ausdruck. Das Programm wird Ihnen dabei helfen. Sie sollten versuchen, möglichst wenige Einzelblätter zu erzeugen. Hilfreich ist es, einen DIN A3-Drucker zu verwenden. Noch einfacher ist die Nutzung eines Plotters. Wahrscheinlich werden Sie sich jetzt erschrecken, wenn Sie sehen, welchen Endtermin MS Project für Ihr Projekt berechnet und darstellt.

Um im Plan den Überblick zu behalten, können Sie einzelne Vorgänge oder Sammelvorgänge ein- oder ausblenden. Wenn Sie sich also nur mit der Planungsphase befassen wollen, blenden Sie die übrigen Phasen bis auf die Sam-

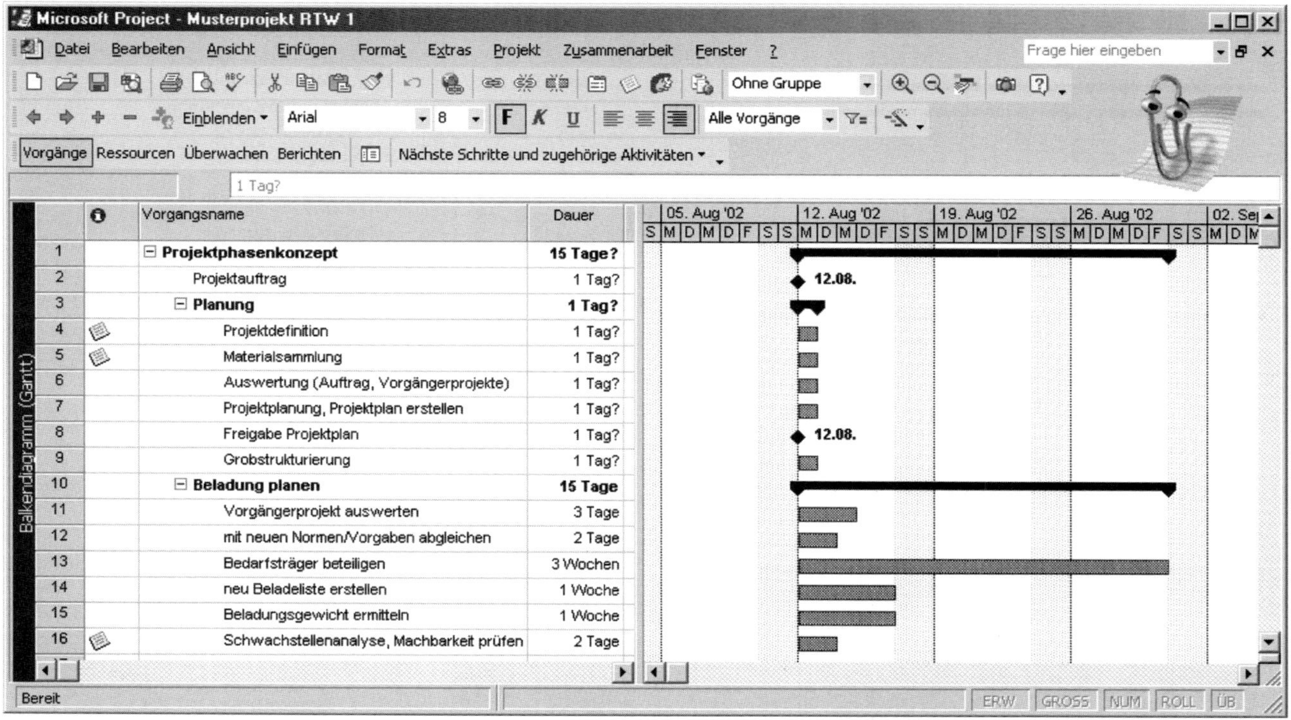

Bild 13: Die Vorgänge werden entsprechend ihrer Dauer oder als Meilenstein (schwarze Raute) dargestellt

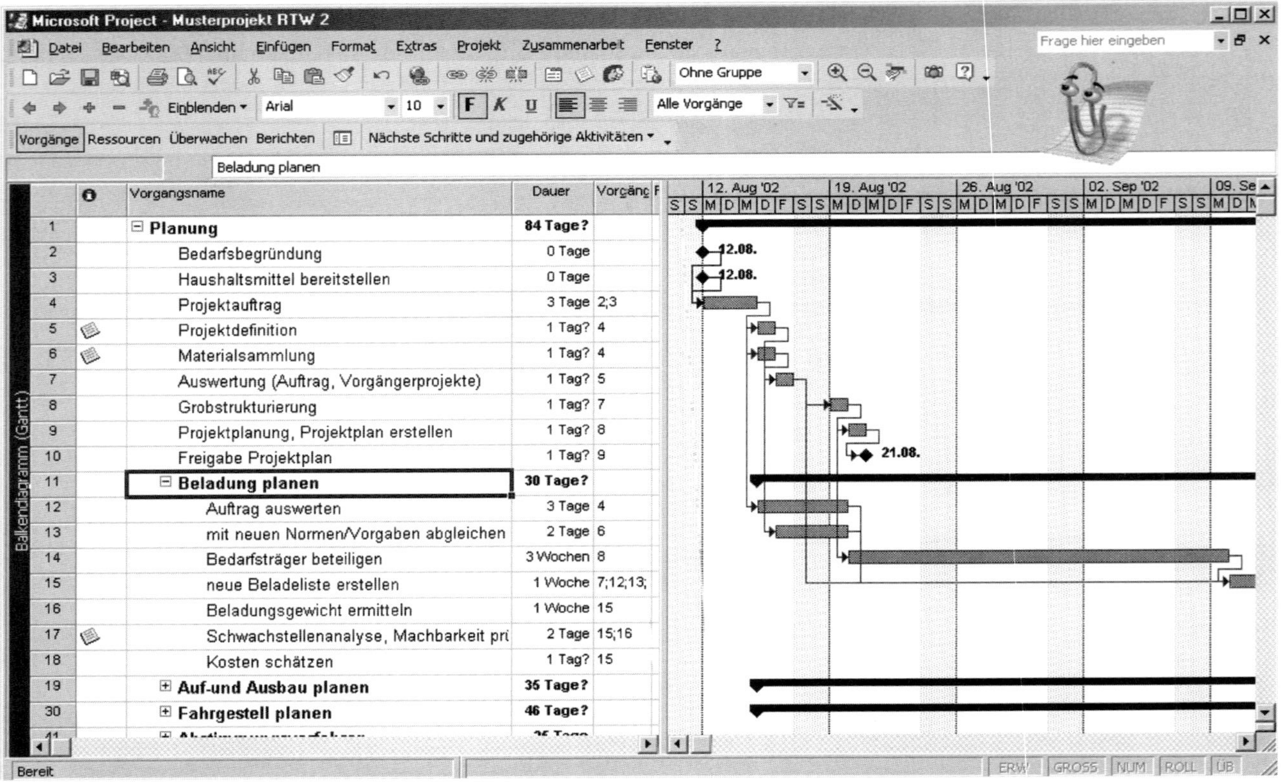

Bild 14: Gantt-Diagramm mit Vorgangsbeziehungen

melvorgänge zunächst aus. Dazu finden Sie links neben den Vorgangsnamen Kästchen mit Plus- oder Minus-Zeichen. Dies wird Ihnen auch beim nächsten Arbeitsschritt helfen.

3.2.7 Projektplan detaillieren

Warten Sie eine Tageszeit ab, in der Sie ein wenig Ruhe am Arbeitsplatz haben und überprüfen Sie den entstandenen Plan kritisch:

- Ist die Vorgangsliste vollständig und richtig gegliedert?
- Wurde kein Vorgang vergessen?
- Ist die Dauer der Einzelvorgänge realistisch?
- Stimmen die Vorgangsbeziehungen?
- Ist die Ressourcenzuordnung richtig?

Nun beginnen Sie mit der Feinplanung. Sie können Vorgänge hinzufügen oder löschen oder in ihrer Dauer verändern. Und Sie können nun eine Vielzahl von Parametern verändern, um das Projekt auszubalancieren. Hierzu bietet MS Project eine solche Vielzahl von Regulierungsmöglichkeiten an, dass Sie schon ein wenig aufpassen müssen, um sich nicht zu »verbasteln«. Nutzen Sie die Hilfefunktionen und den Planungsassistenten. Und denken Sie daran: Der erste Plan ist der schwierigste! Später können Sie leicht einen vorhandenen Plan kopieren und an das nächste Projekt anpassen. Aber einmal müssen Sie sich die Arbeit schon machen!

3.3 Straffen von Projektplänen

Reicht die Zeit nicht aus? Sind alle üblichen Arbeitsschritte zusammengefasst, kommt schon eine lange Zeit zusammen. In unserem Beispiel dauert allein die Planung des Projektes bis zur Freigabe der Leistungsbeschreibung 84 Tage. Prüfen Sie daher noch einmal, welche Straffungsmöglichkeiten Sie haben. Sind alle Vorgänge erforderlich? Sind alle Vorgänge in dieser Dauer erforderlich? Aber auch: Haben Sie eine Reserve, eine Pufferzeit, falls irgendetwas schief geht? Sie können sicher sein, dass Terminprobleme auftauchen werden. Welche Konsequenzen hat es, wenn der Plan nicht gehalten wird? Planen Sie niemals ein Projekt ohne Pufferzeiten!

Grundsätzlich gibt es drei Möglichkeiten, um einen Terminplan zu verkürzen:

- Vorgängen verkürzen (zum Beispiel durch verstärkten Ressourceneinsatz);
- Vorgänge entfernen, um den Projektumfang zu reduzieren;
- Vorgänge früher beginnen lassen (zum Beispiel durch Parallelarbeit).

Beispiele: In unserem Musterfall kann ein Teil der Planungsarbeiten zeitgleich von mehreren Personen erledigt werden. Wenn Sie die oder den Bedarfsträger schriftlich beteiligen, können Sie zwei bis drei Wochen lang andere Arbeiten erledigen. Oder Sie laden zu einem Beteiligungsgespräch ein und verkürzen so diese Frist. (Dabei schreiben Sie das Protokoll natürlich wieder selbst. Damit sind Sie relativ sicher, dass der Inhalt richtig ist und Sie auf das Protokoll nicht warten müssen.)

3.3.1 Der kritische Pfad

An welchem Punkt setzen Sie an? Die Abfolge von *kritischen Vorgängen*, also Vorgängen, die fristgerecht beendet sein müssen, um den planmäßigen Projektfortschritt nicht zu gefährden, wird als *kritischer Pfad* bezeichnet. Der Endtermin des letzten kritischen Vorgangs ist dabei mit dem Projektendtermin identisch.

Wenn Sie nicht wissen, wo der kritische Pfad liegt: Schalten Sie in die Ansicht »Balkendiagramm/Einzelheiten« oder »Balkendiagramm/Überwachung« oder »Netzplandiagramm«. Hier werden Ihnen der kritische Pfad und die kritischen Vorgänge in rot angezeigt. Experimentieren Sie damit! Verkürzen Sie in unserem Beispiel die Dauer der Vorgänge »Betroffene beteiligen« probeweise jeweils auf eine Woche. Bei größeren Projekten können Sie auch in der Ansicht »Balkendiagramm (Gantt)« einen Filter setzen, die kritischen Vorgänge anzeigen und nach Dauer sortieren lassen. Nun haben Sie die Möglichkeit, ganz gezielt diese Vorgänge anzusehen und an der Stellschraube zu drehen.

Als Beispiel für eine Zeitoptimierung biete ich Ihnen hier eine Variante an. Sie geht davon aus, dass Sie sich in den kritischen Phasen vollständig auf dieses Projekt konzentrieren können und kompetente Assistenz zur Verfügung haben. Weiter geht die Planung davon aus, dass auf eine schriftliche Beteiligung verzichtet wird. Die Beteiligung der Nutzer findet auf einer ausführlichen und gut vorbereiteten Besprechung statt. (Die Mehrzahl der Beteiligten ist wahrscheinlich froh, sich nicht ausführlich schriftlich äußern zu müssen und Sie können im

Gespräch steuernd eingreifen.) Anschließend erhalten die zu Beteiligenden Gelegenheit, schriftlich Einwendungen gegen das Protokoll zu erheben.

Als Pufferzeit werden drei Wochen einkalkuliert. Damit können Sie eine mögliche Erkrankung eines wesentlichen Beteiligten kompensieren (oder eine Dienstreise bzw. eine unvermeidliche Verschiebung der entscheidenden Besprechung).

3.3.2 Projektumfang reduzieren

Die wirkungsvollste Möglichkeit, den Projektaufwand zu verringern ist es, den Umfang zu reduzieren. Wenn Sie kritische Vorgänge aus dem Projekt löschen, haben Sie mit einer Maßnahme die Projektdauer verkürzt, die benötigten Ressourcen verringert und Kosten gespart. Wenn Ihre Fahrzeuge unbedingt bis zu einem bestimmten Termin laufen müssen, überprüfen Sie einmal auf welche Dinge Sie verzichten könnten, die zum Erreichen dieses Ziels nicht unbedingt notwendig sind. Meist hat nur das Löschen von kritischen Vorgängen sofort und deutlich sichtbar Erfolg.

Beispiel: Benötigen Sie die Beladung für die neuen Fahrzeuge tatsächlich oder ist es möglich, die erforderlichen Teile von vorhandenen Fahrzeugen zu übernehmen? Unter Umständen können abgängige Teile auch Zug um Zug ersetzt werden. Damit könnte auch sofort begonnen werden, sodass bis zum Zulauf der Neufahrzeuge bereits ein Teil der Ausrüstung ersetzt ist. Verbrauchsmaterial muss ohnehin nicht unbedingt mit dem Neufahrzeug geliefert werden: Löschen Sie versuchsweise einmal den gesamten Teil »Beladung« aus dem Projektplan!

Vorgänge neu terminieren (verschieben)
Eine weitere Variante zur Verringerung der Projektdauer ist es, Vorgänge so zu verschieben, dass Sie nicht aufeinander folgen, sondern parallel, nebeneinander bearbeitet werden.

In unserem Musterfall bedeutet dies: Nachdem Sie den Komplex »Beladung« gestrichen haben, fassen Sie die Planungsphase für Fahrgestell und Aufbau zusammen. Es entsteht eine Leistungsbeschreibung oder Technische Spezifikation mit zwei Losen, die aufeinander aufsetzen. Die Vorgänge

- Auswertung des Vorgängerprojekts,
- Abgleich mit (neuen) Normen und Vorgaben,

- Beteiligung der Betroffenen,
- Erstellung der Energiebilanz,
- Erstellung der Gewichtsbilanz,
- Schwachstellenanalyse,
- Erstellung der Leistungsbeschreibung für den Aufbau,
- Beteiligung des Personalrats u. Ä.,
- Auflistung der Beistellteile

werden für beide Komponenten in jeweils nur einem Vorgang zeitgleich abgearbeitet. Halten Sie die Bearbeitungszeit für zu kurz, kann Sie um etwa 25 bis 30 % verlängert werden. Auch in diesem Fall haben Sie eine Zeitersparnis von etwa 70 % erzielt.

In unserem Musterfall (Rettungswagen mit Kofferaufbau) ist es außerdem möglich, Fahrgestelle und Fahrzeugaufbauten zum Teil parallel zu fertigen. Natürlich hat es jeder Fahrzeugausbauer lieber, erst das Fahrgestell zu erhalten und dann in Ruhe mit dem Aufbau zu beginnen. Das schafft auch dem Auftragnehmer für den Auf- und Ausbau versteckte Pufferzeiten, von denen Sie nichts merken. Aber ein gut organisierter Betrieb ist durchaus in der Lage, den Rohbau der Karosserie einschließlich Leitungsverlegung und vieler Komponenten vor zubereiten und erst zu einem relativ späten Zeitpunkt auf das dann eintreffende Fahrgestell aufzusetzen.

Voraussetzung ist allerdings, dass das Projekt klar definiert ist und Sie nicht jede Woche mit einem Änderungswunsch kommen. Dann muss gelten, was einmal festgelegt wurde! Sie haben aber ohne Probleme den Projektablauf um weitere vier Wochen verkürzt. Bei der Schätzung der Lieferzeit für das Fahrgestell müssen Sie von der pessimistischsten Annahme ausgehen, die Ihnen der Fahrgestellhersteller nennt.

Prüfen Sie nun noch einmal den Endtermin des Projektes. Endet das Projekt bzw. die Indienststellung der Fahrzeuge zum beabsichtigten Termin? Können die Haushaltsmittel zum gewünschten Termin abfließen? Wenn ja – herzlichen Glückwunsch! Ihr Plan scheint gesund und realistisch. Wenn nein – forsten Sie den Plan noch einmal durch.

3.3.3 Bereitstellung von Beistellteilen

Übrigens: Die schnellste Variante ist es, Funkgeräte nicht am Heimatstandort, sondern beim Fahrzeugausbauer einbauen zu lassen. Stellen Sie nur die unbedingt erforderlichen Teile zum Einbau bei. Jedes Teil, das Sie selbst in die Hand nehmen oder beschaffen müssen, macht Arbeit und kostet Zeit. Lassen Sie Einbauteile und gegebenenfalls Beladung durch den Auftragnehmer für den Aufbau mitbeschaffen. Dies ist unter Umständen teurer, jedoch mit hoher Wahrscheinlichkeit schneller. Sie haben auch die Möglichkeit, diese Teile optional beim Aufbau, als eigenes Los, mit auszuschreiben. Je nach Budget und Zeitplanung können Sie dann die Option beim Ausbauer wahrnehmen oder bei einem dritten Auftragnehmer beschaffen.

3.4 Abschluss der Projektplanung

Sind Sie sich nun sicher, dass Ihr Projektplan so bleiben soll? Dann speichern Sie jetzt einen Basisplan. Sie können dann später die aktuellen Termine, Zeiten und Kosten mit dem Basisplan abgleichen. So können Sie Soll/Ist-Vergleiche und Berichte erzeugen und Ihre Projektplanung optimieren. Das gilt übrigens auch für die oben diskutierten Optimierungsvarianten. Übrigens können Sie bis zu zehn Zwischenpläne speichern. So lässt sich später genau sehen, an welcher Stelle Ihr Projekt aus dem Ruder gelaufen ist. Dies hat übrigens in der überwiegenden Mehrzahl der Fälle nicht der Projektmanager zu vertreten. In fast allen Fällen kommt es dazu, wenn von außen in den Ablauf eingegriffen wird. Ein solcher Abgleich ist also auch eine Versicherung für Sie und er steigert Ihre Fähigkeiten, sichere Projektpläne zu erstellen, erheblich.

Den Projektplan stimmen Sie zum Schluss noch einmal mit Ihrem Vorgesetzten und den wichtigsten Beteiligten ab. Lassen Sie sich von Ihrem Vorgesetzten eine Freigabe für die Umsetzung dieser Planung geben. Damit schließen wir die Planung des Projektes zunächst ab.

Jmsetzen der Projektplanung

4.1 Planungsphase

Der Projektplan sollte in Ihrem Blickfeld hängen! Ziel der nun beginnenden Planung ist die Fertigstellung einer vergabefähigen Leistungsbeschreibung, eines Pflichtenheftes (auch Technische Spezifikation oder Technische Leistungsbeschreibung genannt).

Nach Ihrem Plan findet in spätestens drei Wochen das erste große Beteiligungsgespräch statt. Dabei sollten alle Beteiligten, vor allem die benannten Vertreter der Nutzer, Gelegenheit erhalten, Ihre Vorstellungen einzubringen. Schreiben Sie jetzt die Einladungen! Schildern Sie kurz Ihren Auftrag, umreißen Sie konkret den geplanten Gesprächsinhalt und laden Sie zwei bis drei Wochen vorher ein. Lassen Sie den Kreis nicht zu groß werden. Sie werden sonst Schwierigkeiten haben, in vertretbarer Zeit ein vernünftiges Ergebnis zu erzielen. Geben Sie ggf. auch Ihrem Personal- oder Betriebsrat Gelegenheit zur Teilnahme. Auch wenn niemand erscheint, das Angebot war da. Es signalisiert Offenheit und schafft Vertrauen.

Nun beginnen Sie mit der Auswertung vorausgegangener Projekte: Mängellisten, Erfahrungsberichte, Reparaturen – was immer Ihnen nützlich erscheint. Ziehen Sie auch Ihre Fahrzeugwerkstatt zu Rate. Zweckmäßig ist es, alle relevanten Handlungsbedarfe zum Beispiel in einer Excel-Arbeitsmappe in Listen zu erfassen. Schreiben Sie die Fundstelle dazu (zum Beispiel Auskunft Werkstatt, Erfahrungsbericht, Normblatt etc.) Diese Listen lassen sich leicht ordnen und mit einem Bearbeitungsvermerk versehen.

In gleicher Weise verfahren Sie bei Ihrem Beteiligungsgespräch. Idealerweise haben Sie die Möglichkeit, Ihre Listen mit einem Videoprojektor/Beamer, an die Wand zu projizieren und in der Besprechung jeweils zu aktualisieren. Für die Besprechung sollten Sie eine gesonderte Liste der Forderungen anlegen. Dies hat sich als ausgesprochen erfolgreich herausgestellt. Alle Teilnehmer haben den jeweils aktuellen Stand direkt vor Augen. Sie haben keine Übertragungsprobleme wie beim Abschrieb von einer Tafel oder von Karteikarten, das Protokoll ist fast schon fertig und gibt exakt das wieder, was alle vor Augen hatten.

Nach der Besprechung schreiben Sie das Protokoll und legen die ausformulierten Ziellisten bei. Denken Sie bei der Protokollführung bitte an die Ausführungen dazu im Abschnitt Arbeitsaufnahme: Wer das Protokoll schreibt, bestimmt was darin steht! Das heißt jedoch nicht, das Sie die Teilnehmer »über den Tisch ziehen« sollen. Bleiben Sie fair! Sonst bekommen Sie irgendwann die Quittung.

4.1.1 Abgleich und Schwachstellenanalyse

Nun gleichen Sie die verschiedenen Ziellisten miteinander ab und fassen sie zusammen. Klären Sie sich widersprechende Forderungen auf und veranlassen Sie die notwendigen Entscheidungen, wenn sich Forderungen widersprechen. Fertigen Sie nun möglichst eine vorläufige Gewichtsbilanz und eine Energiebilanz der elektrischen Anlage. Und – fertigen Sie eine Kostenschätzung.
Unter anderem sind folgende Fragen zu klären:

- Widersprechen Forderungen den anerkannten Regeln der Technik?
- Lässt der zur Verfügung stehende Raum den gewünschten Ausbau zu?
- Reicht das Stauraumvolumen für die geforderte Beladung aus?
- Reicht voraussichtlich die Nutzlast des Fahrzeuges für Aufbau, Beladung und Personal aus? Ist eine andere Fahrgestellvariante als vermutet erforderlich oder müssen Sie »abspecken«?
- Kann die (zusätzliche) elektrische Ausrüstung des Fahrzeuges die geforderten Verbraucher in allen in Frage kommenden Betriebszuständen zuverlässig versorgen?
- Was wird das Fahrzeug voraussichtlich kosten?
- Letztlich: Ist das Fahrzeug in der geforderten Form und in der geforderten Stückzahl produzierbar?

Können Sie die Fragen nicht zuverlässig beantworten, bitten Sie um externen Rat. Im Rahmen der Markterkundung und *bevor* ein Vergabeverfahren beginnt dürfen Sie durchaus in Frage kommende Fachfirmen um Rat bitten. Bedenken Sie dabei, dass Sie den befragten Firmen für ein späteres Vergabeverfahren möglicherweise einen Informationsvorsprung verschaffen. Wenn Sie im Vergabeverfahren nicht Lotterie spielen wollen, kommen Sie jedoch nicht umhin, sich ausreichend sachkundig zu machen.

Nach und nach entsteht nun aus Ihren einzelnen Tabellen eine einzige abgestimmte Forderungsliste. Dabei sollten Sie Abweichungen von den anerkannten Regeln der Technik oder ursprünglichen Forderungen mit Begründungen dokumentieren und sich eine Zustimmung einholen. Dies kann Sie vor Vorwürfen oder gar Regressansprüchen schützen.

4.1.2 Lösungsfindung

Im Idealfall passt Ihr Forderungskatalog recht sauber auf eine der vielen genormten Varianten von Lösch- und Sonderfahrzeugen. In vielen Fällen sind Sie ohnehin, zum Beispiel durch die Bezuschussungs- bzw. Förderrichtlinien, gezwungen ein Normfahrzeug zu wählen. Auch wenn dies nicht der Fall ist, lassen Sie mich eine Lanze für die Normungsarbeit und genormte Fahrzeuge brechen:

Ich selbst war zu keiner Zeit besonders stark durch Bezuschussungsrichtlinien oder Ähnliches festgelegt. Gemeinsam mit meinen Kollegen habe ich auch eine Reihe von Fahrzeugen beschrieben und bauen lassen, die eindeutig nicht normgerecht sind. Nur, wer mit offenen Augen andere Feuerwehren und Rettungsdienste oder Fahrzeugausbaufirmen besucht, wird über die Vielzahl von angeblich notwendigen Varianten staunen. Wenn man bei einem großen Fahrzeugausbauer etwa 30 Rettungswagen und Krankentransportwagen in der Fertigung sieht, die alle eigentlich nur zwei Verwendungen dienen, bei denen aber praktisch keine zwei Fahrzeuge gleich sind, kommt der unbefangene Betrachter schon ins Staunen. Ist diese Vielfalt der Varianten wirklich notwendig? Sicherlich hören viele diese Frage nicht so gern. Ich frage mich aber schon, ob das Rad wirklich ständig neu erfunden werden muss!

Die Normen stecken uns einen Rahmen aus Forderungen. Natürlich müssen wir diesen Rahmen füllen und beschreiben, wie die Forderungen umgesetzt werden sollen. Wir dürfen aber gerne einmal mit anderen darüber sprechen, wie Sie es denn machen. Jede Variante treibt die Kosten in die Höhe und macht es uns schwerer, Kosten zu vergleichen. Jede »geniale« neue Lösung ist auch eine potenzielle Fehlerquelle. Glauben Sie mir, ich weiß wovon ich spreche! Wohl fast jeder von uns hat hier unnötiges Lehrgeld bezahlt.

Es gibt für fast jedes Problem eine erprobte und bewährte Lösung, die uns hilft Geld und Nerven zu sparen. Auch wenn Sie sich möglicherweise hier ein wenig verwirklichen wollen: Weder in Berlin, Hamburg, München, Frankfurt am Main noch Heidelberg brennen die Feuer ganz grundsätzlich anders. Auch die zu befördernden Patienten unterscheiden sich doch eigentlich mehr in der Mundart.

Deshalb mein Appell: Lassen Sie uns näher zusammenrücken, eine Menge Euros sparen und einheitlichere Fahrzeuge bauen! Dafür gibt es eine ganze Reihe hoffnungsvolle Beispiele! Es bleiben immer noch genug exotische Probleme, für die wir exotische Lösungen nicht vermeiden können.

Versuchen Sie also im eigenen Interesse zunächst eine am Markt vorhandene und bewährte Lösung für Ihre Anforderungen zu finden. Gegebenenfalls sollten Sie Ihren Forderungskatalog noch einmal kritisch überprüfen. Möglicherweise haben Sie Glück und können sich mit geringem Aufwand an eine andere Beschaffung anhängen. So lassen sich mit minimalem Aufwand sehr günstige Konditionen erzielen.

Scheiden alle vorhandenen und bekannten Lösungsvarianten eindeutig aus, empfehle ich Ihnen eine Leistungsbeschreibung mit Zielvorgaben. Beschreiben Sie die zu erreichenden Ziele und lassen Sie die Konstrukteure ihre Arbeit tun. Erfahrene Fahrzeugbaufirmen haben häufig doch noch eine bessere Lösung für Ihr Problem, Sie persönlich sind nicht so festgelegt und die Verantwortung ist eindeutig zugewiesen.

Erst wenn die Kombination vorhandener Varianten nicht zum Ziel führt, beginnt die Suche nach kreativen Lösungen. Zur Ideenfindung gibt es eine Vielzahl von Methoden, angefangenen beim schon klassischen Brainstorming. Dazu steht umfangreiche Literatur zur Verfügung. Möglicherweise haben Sie auch einmal die Gelegenheit ein entsprechendes Seminar zu besuchen. Es kann sich aber auch lohnen, einmal bei völlig »Branchenfremden« über die Schulter zu gucken. Besuchen Sie auch einmal eine Industriemesse oder eine andere Ausstellung, die nicht direkt mit Ihrem Fachgebiet zu tun hat.

Über die Relevanz der Normung

An erster Stelle steht unser gesetzlicher Auftrag. Dieser Auftrag ist in der Regel formuliert in den Rettungsdienst- und Brandschutzgesetzen der Länder sowie gegebenenfalls in Verträgen der Kommunen mit den Hilfsorganisationen als Ausführungsorganen. Ein Rettungsdienstgesetz kann zum Beispiel vorschreiben:

- Für die Notfallrettung sind Rettungswagen einzusetzen.
- Die Fahrzeuge müssen den allgemein anerkannten Regeln der Technik und dem Stand der medizinischen Wissenschaft entsprechen.

Anerkannte Regel der Technik ist in diesem Fall die schon einmal zitierte DIN EN 1789 (Rettungsdienstfahrzeuge und deren Ausrüstung, Krankenkraftwagen), herausgegeben im Dezember 1999. Mit dieser europaweit geltenden Norm wurde die vorher geltende DIN 75080 aufgehoben. Bitte berücksichtigen Sie auch, das diese Norm zwei Seiten Querverweise auf andere Regeln enthält!

Stand der medizinischen Wissenschaft ist »die im Wesentlichen unwidersprochene medizinische Lehrmeinung«. Anders ausgedrückt: Einerseits eine *festgeschriebene*, in einem Normblatt veröffentlichte technische *Regel* – andererseits eine überwiegend herrschende »Mehrheitsmeinung«. Diese Definition hilft uns auch zu unterscheiden zwischen

- Regel der Technik und
- Stand der Technik

Eine der am häufigsten gestellten Fragen lautet: Bin ich überhaupt verpflichtet, diese Regeln der Technik anzuwenden? Grundsätzlich ja! Aber keine Regel ohne Ausnahmen. Unmittelbare Bindungswirkung haben die Regeln der Technik dann, wenn die Anwendung in einem Gesetz oder einer Rechtsverordnung – oder auch in einem Vertrag – ausdrücklich gefordert wird. Beispiel: »Die entsprechenden DIN-Normen in Ihrer jeweils geltenden Fassung« oder »Die (z. B.) DIN EN 1789 ist anzuwenden«. Dies ist ein klarer, unmissverständlicher und bindender Auftrag!

Bei einer Formulierung wie »die Krankenkraftwagen müssen den allgemein anerkannten Regeln der Technik entsprechen« ist die Einhaltung der Normen für die Verfahrensbeteiligten wie Hersteller und Beschaffungsstelle geboten, jedoch nicht zwingend. So kann der Stand der Technik gegenüber der geschriebenen Regel fortgeschritten sein, oder es kann andere schlüssige Gründe zum Abweichen geben. In diesem Fall ist jedoch derjenige, der die Regel missachtet, selbst beweispflichtig. Er muss selbst darlegen können, dass sein »Werk« sicher ist und die Ziele der Norm mindestens in gleicher Qualität erreicht werden. Sicher ist ein Werk, in diesem Fall ein Rettungswagen wenn

1. der angestrebte Verwendungszweck sicher erreicht wird. Dies ist per Definition der Transport sowie die erweiterte Behandlung und Überwachung von Notfallpatienten.
2. die Sicherheit des Patienten, des Personals und dritter Personen gewährleistet ist.

Im ersten Fall könnte die Frage lauten: Erfüllt das Fahrzeug in jedem zu erwartenden Fall sicher seinen Zweck, wenn entgegen der Regel zum Beispiel auf die Ausrüstung mit Infusionsspritzenpumpe oder Herzschrittmacher verzichtet wird? Antwort in diesem Fall: Der Einsatz von Infusionsspritzenpumpe und Herzschrittmacher sind ärztliche Maßnahmen. Im deutschen Rettungssystem sind Notärzte fest integriert und ein Notarzt wird diese Geräte regelhaft mitführen. Daher ist die Ausrüstung in einem RTW nicht in jedem Fall erforderlich.

Ein Beispiel für den zweiten Fall: Ist das Fahrzeug sicher, wenn auf Nachweise von Crashtests für Sicherungssysteme verzichtet wird? Welchen Ersatz für derartige Festigkeitsnachweise kann ich bieten? Ist diese Ersatzlösung mindestens genauso sicher? Hier wird der Bewies einer gleichwertigen Ersatzlösung kaum zu führen sein.

Ähnliche Fragen sind auch zu stellen, wenn es um die Berücksichtigung des Standes der medizinischen Wissenschaft geht.

Im Planungsprozess ist immer die Frage zu stellen: »Was muss ich tun, um den Regeln der Technik zu entsprechen und möglichst den aktuellen Stand der Technik und/oder der medizinischen Wissenschaft zu erreichen?«

4.2 Leistungsbeschreibung

Welche Anforderungen werden an eine Leistungsbeschreibung gestellt? Zunächst müssen wir uns unter anderem etwas ausführlicher mit den Forderungen des Vergaberechtes befassen. Formale Anforderungen an Leistungsbeschreibungen finden wir vor allem in der Verdingungsordnung für Leistungen VOL/A und den Bestimmungen nach der EG-Lieferkoordinierungsrichtlinie. Ich beziehe mich auf die Fassung der Bekanntmachung vom 17. August 2000.

Den vergaberechtlichen Teil, die diversen Vertragsbedingungen, überlassen wir dabei getrost den dafür zuständigen Fachleuten. Aber auch Sie sollten die wesentlichen Bestimmungen des Vergaberechts, am besten einen guten Kommentar, in etwa kennen und zur Hand haben. Sie sollten schon mitreden können und nicht blind vertrauen müssen. Dieses Buch kann naturgemäß das in Frage kommende Recht nicht in vollem Umfang wiedergeben oder gar ausführlich kommentieren. Wir müssen uns hier auf die wesentlichsten Inhalte beschränken.

Folgende Grundsätze der VOL/A sind wichtig:
§ 8
»1. Die (geforderte) Leistung ist so eindeutig und so erschöpfend zu beschreiben, dass alle Bewerber die Beschreibung im gleichen Sinne verstehen müssen und die Angebote miteinander verglichen werden können.

2. Soweit die Leistungen nicht durch verkehrsübliche Bezeichnungen [...] beschreibbar sind, können sie [...] sowohl durch eine Darstellung ihres Zweckes, ihrer Funktion sowie der an Sie gestellten sonstigen Anforderungen [...]

auch in ihren wesentlichen konstruktiven Einzelheiten [...], gegebenenfalls durch die Verbindung der Beschreibungsarten, beschrieben werden.

3. An die Beschaffenheit sind ungewöhnliche Forderungen nur soweit zu stellen, wie dies unbedingt notwendig ist. Bei der Beschreibung der Leistung sind die verkehrsüblichen Bezeichnungen anzuwenden; auf einschlägige Normen kann Bezug genommen werden. Bestimmte Erzeugnisse [...] dürfen nur dann ausdrücklich vorgeschrieben werden, wenn dies durch die Art der zu vergebenden Leistung gerechtfertigt ist. Die Beschreibung technischer Merkmale darf nicht die Wirkung haben, dass bestimmte Unternehmen oder Erzeugnisse bevorzugt oder ausgeschlossen werden, es sei denn, dass eine solche Beschreibung durch die zu vergebende Leistung gerechtfertigt ist. Bezeichnungen [...] (z. B. Markennamen) dürfen ausnahmsweise, jedoch nur mit dem Zusatz ›oder gleichwertiger Art‹ verwendet werden, wenn eine Beschreibung durch hinreichend genaue, allgemeinverständliche Bezeichnungen nicht möglich ist.

4. Wenn für die Beurteilung der Güte von Stoffen, Teilen oder Erzeugnissen die Herkunft oder die Angabe des Herstellers unentbehrlich ist, sind die entsprechenden Angeben von den Bewerbern zu fordern, soweit nötig auch *Proben und Muster.«*

§ 8a (zusätzliche Bestimmungen für EU-weite Ausschreibungen)

1. »Bei der Beschreibung der Leistung sind die technischen Anforderungen unter Bezugnahme auf europäische Spezifikationen festzulegen (EN-Normen des CEN oder CENLEC, europäische technische Zulassungen oder Harmonisierungsdokumente etc.; Vermeidung von Handelshemmnissen nach Artikel 30–36 des EG-Vertrages).
2. Mangels europäischer Spezifikationen (Normen) dürfen Nationale oder Sonstige angewandt werden [...].
3. Es gilt die Rangfolge
- *innerstaatliche Normen, mit denen internationale Normen umgesetzt werden,*
- *sonstige innerstaatliche Normen etc.,*
- *alle weiteren Normen.*

Von der Bezugnahme auf europäische Normen kann abgesehen werden, wenn
– die Anwendung dieser Normen zum Erwerb von Anlagen zwingen würde, die inkompatibel sind, unverhältnismäßig hohe Kosten oder unverhältnismä-

ßige technische Schwierigkeiten verursachen würde. Dies jedoch nur, wenn eine klar definierte und verbindliche Strategie zur Übernahme europäischer Normen festgelegt ist.
– Das Vorhaben so innovativ ist, dass die Anwendung bestehender Normen nicht angemessen wäre.«

Es dürfen also nur Leistungen gefordert werden, die aus den Anforderungen begründbar sind (keine Leistungsforderung ohne Begründung). Forderungen dürfen nicht mit dem Ziel gestellt werden, bestimmte Bewerber auszugrenzen (Diskriminierungsverbot).

Die beschaffte Ausrüstung muss den taktischen Forderungen sowie den Anforderungen in sicherheitstechnischer Hinsicht gerecht werden. Dies kann in der Regel unterstellt werden, wenn Fahrzeuge, Geräte und Schutzausrüstung den anerkannten Regeln der Technik entsprechen. Dies sind in der Rangfolge die durch das DIN veröffentlichten internationalen (ISO) oder europäischen (EN) Normen oder – wo keine europäischen Normen vorhanden sind – die nationalen (DIN) Normen.

Diese Normen beschreiben den Mindeststandard. Jedoch werden sie durch die technische Entwicklung oder beispielsweise die Entwicklung der medizinischen Wissenschaft gelegentlich überholt. Sie sollen auch ausdrücklich nicht den technischen Fortschritt behindern. Es können daher auch Forderungen gestellt werden, die die Forderungen der Normen überschreiten. Insbesondere in sicherheitstechnischer Hinsicht sollte über die Mindestforderungen der Regel der Technik (Norm) hinaus, dem Stand der Technik gefolgt werden.

Wenn Leistungen nicht durch »verkehrsübliche Bezeichnungen«, Maße etc. sicher beschrieben werden können, ist es sinnvoll, Ziele zu beschreiben (funktionale Leistungsbeschreibung). Beispiel: »Die zusätzlich einzubauende Lichtmaschine (Generator) muss eine Mindestleistung von 90 A haben.« Oder sicherer: »Die zusätzlich einzubauende Lichtmaschine (Generator) muss alle zusätzlich eingebauten elektrischen Verbraucher im Leerlauf des Fahrzeugmotors ausreichend mit Energie versorgen. Eine Reserve von ... W soll vorhanden sein.«

Verkehrsübliche Bezeichnungen sind »Maß, Zahl, Gewicht [...] (und) die jeweils in den Branchen gebräuchlichen Fachausdrücke«, also nicht »Rigipsplatte«, sondern »Gipskartonplatte«, nicht »Auszug Typ Zieglmann«, sondern »Schwerlastauszug, Kugelgelagert, Tragkraft x Kilogramm pro Schienenpaar«, nicht »Blinz-Deckencenter«, sondern »ein Deckencenter wie folgt: ...«.

Zulässig ist auch die Beschreibung der Leistung durch Zeichnungen und Probestücke. Bei Zeichnungen müssen Sie jedoch auch über die Rechte daran verfügen. Keinesfalls dürfen Sie ohne schriftliche Zustimmung die Zeichnung eines Bewerbers zum Beispiel aus einer früheren Ausschreibung verwenden. Möglich ist auch die Formulierung: »Qualitätsmuster können bei der Vergabestelle (nach vorheriger Anmeldung) besichtigt werden.«

Sinnvoll ist es, die Leistungsbeschreibung in Tabellenform anzulegen und sich jede Forderung einzeln zusichern zu lassen. Dabei trägt der jeweilige Bieter bei der Forderung in einer Spalte hinter der Forderung beispielsweise die Maße und die Gewichte ein und sichert in einer zweiten Spalte die Erfüllung mit Handzeichen zu. Nach herrschender Rechtsmeinung könnte sonst die Leistung unter Umständen nicht eingefordert werden, da der Bieter vortragen könnte, er habe die Leistungsbeschreibung anders interpretiert. (vgl. Dr. Franz Otto: Mängel in einer lüftungstechnischen Ausschreibung mit Brandschutzklappen, BRANDSchutz/Deutsche Feuerwehr-Zeitung 1/1995, S. 75)

Immer wieder wird nach Muster-Leistungsbeschreibungen gefragt. Hilfreicher ist es, wenn Sie sich an einer vorhandenen, möglichst aktuellen Leistungsbeschreibung eines ähnlichen Produktes orientieren können. Fragen Sie auch einfach einmal Kollegen aus anderen Feuerwehren oder Rettungsdiensten nach Beispielen. Auf diese Weise können wir voneinander lernen und nützliche Anregungen bekommen.

Spezielle Muster-Leistungsbeschreibungen haben sich nicht sonderlich bewährt. Sie müssten gesondert gepflegt und aktualisiert werden und sind häufig technisch oder rechtlich überholt. Die Aktualisierung wird leicht vergessen. Legen Sie also einfach eine Tabelle nach dem in Bild 15 dargestellten Muster an. Falls noch nicht vorhanden, bringen Sie Ihre Vorlage in die Tabellenform, sodass eine logische Reihenfolge in der Beschreibung des Produktes entsteht.

4.3 Vergabe nach Losen

Es ist sinnvoll, die geforderte Leistung in einzelne logische Blöcke, in Lose, zu teilen. Nach § 5 VOL/A sollen Leistungen in Lose geteilt werden, um auch kleinen und mittleren Unternehmen die Möglichkeit der Beteiligung zu bieten.

Also müsste bei einer größeren Serie ein Los »Aufbauten für Löschfahrzeuge« gegebenenfalls noch einmal unterteilt werden. Dabei soll eine unwirtschaftliche Zersplitterung allerdings vermieden werden. Für unsere Zwecke bietet sich die Teilung in die Lose Fahrgestell, Auf- und Ausbau sowie Beladung an.

Pos.	Forderung	Zusicherung des Bieters (bitte ausfüllen)	Einzelpreis ohne MwSt. (nur bei optionalen Forderungen)
2.1.3	**Krankenraum, Mindestmaße**		
	Höhe des Krankenraumes ca. 2000 mm	Maß:	entfällt
	Breite des Krankenraumes ca. 1900 mm	Maß:	entfällt
	Länge des Krankenraumes ca. 3500 mm	Maß:	entfällt
	Sonstige Krankenraummaße nach DIN EN 1789, Krankenkraftwagen, Dezember 1999, Seite 16, Ziffer 4.5.2.2	Ja/Nein?:	entfällt
2.1.4	**Gewichte** Das ausgebaute Fahrzeug muss eine Beladung mit einem Gewicht von ca. 245 kg transportieren und 5 Personen, einschließlich Fahrer befördern können. Abweichend von DIN EN 1789 wird das Personengewicht nach DIN 14502, Teil 2 auf 90 kg festgesetzt.	Ja/Nein?:	entfällt
2.1.5	**Konstruktion** Der Anbieter muss die gewählte Konstruktion und Materialauswahl des Aufbaues mit seinen Vor- und Nachteilen beschreiben und Materialproben beiufügen.	Nr. der Anlage(n) zum Angebot	entfällt

Bild 15: Musterseite einer Leistungsbeschreibung eines Rettungswagens

Also teilen Sie die Leistungsbeschreibung gleich in diese Lose. Sie können auch als einzelne Dateien gespeichert und von mehreren Bearbeitern schneller weiterbearbeitet werden. Gelegentlich kann noch weiter unterteilt werden, auch um einen für den Auftraggeber wirtschaftlich und technisch sinnvollen Zuschnitt der Lose zu erreichen.

Legen Sie Ihre Forderungsliste neben die Tabelle und arbeiten die Forderungen Schritt für Schritt ein. Prüfen Sie dabei die entstehende Leistungsbeschreibung auf Plausibilität und haken ganz schlicht die übernommenen Forderungen von Ihrer Liste ab. Bitten Sie zum Schluss einen kompetenten Kollegen oder Vorgesetzten, die Leistungsbeschreibung noch einmal Korrektur zu lesen.

4.4 Schlussabstimmung

Fertig? Falls noch nicht bei der Zusammenfassung der Forderungen geschehen, erhalten alle an der Planung Beteiligten in einer Schlussabstimmung nun noch einmal Gelegenheit zu prüfen, ob ihre Forderungen richtig wiedergegeben wurden. Dazu versenden Sie die Leistungsbeschreibung und geben eine angemessene Frist an, bis zu der noch Einwendungen möglich sind. Auch diese Einwendungen können wieder in einer Tabelle zusammenfasst werden. Nun wird wieder die Frage gestellt: »Soll dem Einwand gefolgt werden?« Auch dies kann man einfach wieder in der Tabelle zur Entscheidung vorlegen …

Frist versäumt? Zwei Möglichkeiten gibt es: Entweder hat der Betroffene Pech gehabt, denn irgendwann muss einfach Schluss sein, oder – falls dies nicht erwünscht ist – wird der Projektplan im Überwachungsmodus entsprechend angepasst. Dann ist aber auch klar, warum Sie nicht rechtzeitig fertig geworden sind!

4.5 Freigabe

Zu guter letzt, nachdem alle Einwände bearbeitet worden sind, und die Leistungsbeschreibung ein letztes Mal Korrektur gelesen ist, legen Sie das Papier Ihrem Vorgesetzten vor und bitten um Freigabe. Damit haben Sie den ersten entscheidenden Meilenstein in Ihrem Projektplan erreicht. Einer der schwierigsten und mühseligsten Teile Ihrer Arbeit liegt hinter Ihnen. Ob Sie gründlich genug gearbeitet haben, werden Sie bald merken. Vergessen Sie nicht, spätestens jetzt den Projektplan fortzuschreiben.

Sie sehen, so schlimm ist es gar nicht! In fast allen Fällen ist die Planung eines Fahrzeuges einfach nur gründliche und systematische Arbeit. Falls Sie Gelegenheit haben, auch andere Projekte zu planen, werden Sie merken dass Sie mit dieser Methode die Mehrzahl der anfallenden Projekte erfolgreich planen können.

5 Das Vergabeverfahren

5.1 Überblick über das Vergaberecht

Der erste große Schritt ist geschafft. Vor Ihnen liegt die freigegebene, vergabefähige Leistungsbeschreibung. Wie kommen Sie nun damit zu Ihrem Fahrzeug? Dieses Kapitel beschreibt die wesentlichen Teile des Vergaberechts, soweit es im Rahmen der Beschaffung von Fahrzeugen für öffentliche oder für unter öffentlichem Einfluss stehende Auftraggeber relevant ist. Wegen des Auftragswertes dürfte eine Beschaffung im Rahmen eines EU-weiten Verfahrens der Regelfall sein. Dieses Kapitel kann keinesfalls die umfangreiche Spezialliteratur sowie die Gesetz- und Verordnungstexte ersetzen. Es soll dem Techniker einen Überblick geben, um ihm eine Einordnung seiner Tätigkeit in den Rahmen des Vergaberechts zu ermöglichen.

In der Bundesrepublik Deutschland und der Europäischen Union existieren umfangreiche Rechtsvorschriften für die Vergabe öffentlicher Aufträge. Die öffentlichen Auftraggeber, der Staat, setzen eine enorme Geldmenge um und verfügen über beträchtliche Marktmacht. Viele Unternehmen existieren ganz oder fast ausschließlich von öffentlichen Aufträgen. Das deutsche Vergaberecht hat daher nicht nur den Zweck, wirtschaftlich und gut einzukaufen. Es soll Missbrauch verhindern und allen Unternehmen fairen und gleichmäßigen Zugang zum Markt ermöglichen. Dabei liegt ein Augenmerk auf der Förderung von kleinen und mittleren Unternehmen. Das europäische Vergaberecht und die europäische Normung haben zusätzlich den Zweck, Handelsschranken in der europäischen Gemeinschaft zu beseitigen und Unternehmen den möglichst ungehinderten Zugang zu den Märkten der Nachbarländer zu ermöglichen. Im nationalen und europäischen Recht werden auch internationale Abkommen, zum Beispiel der World Trade Organization (WTO) berücksichtigt. Dazu gehört u. a. der WTO-Kodex über Regierungsbeschaffung (Government Procurement Agreement – GPA). Die Wirtschaftsverbände wirken bei der Fassung des Vergaberechts mit.

Wesentliche Ziele sind also nicht nur die wirtschaftliche Befriedigung des Bedarfs, sondern die Beseitigung von Handelsschranken, eine faire und soziale Marktwirtschaft. Allerdings sind nicht alle Regeln darauf gerichtet. In zusätzlichen Vertragsbedingungen werden Bieter von verschiedenen öffentlichen Auftraggebern häufig nach Frauenförderung, Ausbildungsplätzen, Beschäftigung von Behinderten, Einhaltung von Tarifen, der Entrichtung von Pflichtbeiträgen, gar (unzulässigerweise) nach der Benutzung auftraggebereigner Transportmittel gefragt. Es wird also auch kräftig Politik gemacht, die nicht unmittelbar mit öffentlicher Beschaffung zu tun hat. Ob diese Bestimmungen in jedem Fall einer gerichtlichen Überprüfung standhalten würden, sei dahingestellt. Erinnert sei an die Vergabebestimmungen der Deutschen Bahn AG. Sie hatte von Auftragnehmern Erklärungen verlangt, dass deren Gütertransporte wo möglich mit der Deutschen Bahn erfolgen müssten und ist damit gescheitert.

Bei der Vergabe von öffentlichen Aufträgen sind selbstverständlich auch die Bestimmungen des Haushaltsrechtes und einer Reihe anderer Gesetze und Verordnungen zu beachten, zum Beispiel Mittelstandsrichtlinie, Bevorzugtenrichtlinie, Verordnung über die Preise bei öffentlichen Aufträgen ...

Es geht um sehr viel Geld und Macht. Entsprechend wird hart gekämpft und fein reguliert. Wohl dem, der da nicht den Überblick verliert! Gelegentlich wird von Überregulierung gesprochen. Aber die Presse schildert auch immer wieder Fälle von vermeintlicher oder tatsächlicher Geldverschwendung, Korruption und Missbrauch der Marktmacht. Skandale, die teils erhebliches Ausmaß haben und auch in die Politik reichen. Sofort wird danach eine Verschärfung oder Neufassung des Vergaberechts, gar eine Reform der öffentlichen Verwaltung gefordert. Kann man mit neuen Regeln jedoch verhindern, dass sich Menschen absichtlich oder unabsichtlich über Regeln hinwegsetzen? Wird es nicht möglicherweise immer schwieriger, sich im Vorschriftendschungel zurechtzufinden und nicht neben den Pfad der Tugend zu treten? Oder schafft man ungewollt gar die Möglichkeit, im Vorschriftendickicht neue Schleichwege anzulegen?

Das deutsche Vergaberecht umfasst folgende wesentliche Rechtsvorschriften:

1. Gesetz gegen Wettbewerbsbeschränkungen (GWB); relevant ist Teil vier: Vergabe öffentlicher Aufträge, in der Fassung vom 26. August 1998, BGBl. I S. 2546 ff.
2. Verordnung über die Vergabe öffentlicher Aufträge (Vergabeverordnung – VgV) vom 15. Februar 2003;
3. Vergabe- und Vertragsordnung für Bauleistungen (VOB), Ausgabe 2002;

4. Verdingungsordnung für Leistungen, Teil A (VOL/A) in der Fassung der Bekanntmachung vom 17. August 2000;
5. Verdingungsordnung für Freiberufliche Leistungen (VOF) in der Fassung der Bekanntmachung vom 17. August 2000.

Auf EU-Ebene sind folgende Vorschriften von Bedeutung:
1. Richtlinie 93/36/EWG vom 14. Juni 1993 über die Koordinierung der Verfahren zur Vergabe öffentlicher Lieferaufträge (Lieferkoordinierungsrichtlinie – LKR);
2. Richtlinie 93/37/EWG vom 14. Juni 1993 zur Koordinierung der Verfahren zur Vergabe öffentlicher Bauaufträge (Baukoordinierungsrichtlinie – BKR);
3. Richtlinie 92/50/EWG vom 18. Juni 1992 über die Koordinierung der Verfahren zur Vergabe öffentlicher Dienstleistungsaufträge (DKR);
4. Richtlinie 93/38/EWG vom 14. Juni 1993 zur Koordinierung der Auftragsvergabe durch Auftraggeber im Bereich der Wasser-, Energie- und Verkehrsversorgung sowie im Telekommunikationssektor (SKR);
5. Richtlinie 89/665/EWG vom 21. Dezember 1989 zur Koordinierung der Rechts- und Verwaltungsvorschriften für die Anwendung der Nachprüfungsverfahren im Rahmen der Vergabe öffentlicher Liefer- und Bauaufträge (RMR);
6. Richtlinie 92/13/EWG vom 25. Februar 1992 zur Koordinierung der Rechts- und Verwaltungsvorschriften für die Anwendung der Gemeinschaftsvorschriften über die Auftragsvergabe durch Auftraggeber im Bereich der Wasser-, Energie- und Verkehrsversorgung sowie im Telekommunikationssektor (Sektoren-RMR)

Keine Angst, es hört sich schlimmer an, als es ist! Die EU-Vorschriften sind in nationales Recht umgesetzt. Und wie Sie schon aus den Namen erkennen können, brauchen wir uns nur mit wenigen Vorschriften näher befassen. In der Rangfolge gelten nacheinander:

- das Gesetz gegen Wettbewerbsbeschränkungen (Teil vier, Vergabe öffentlicher Aufträge),
- die Vergabeverordnung und die
- Verdingungsordnung für Leistungen, Teil A (VOL/A).

Gesetz gegen Wettbewerbsbeschränkungen

Das Gesetz gegen Wettbewerbsbeschränkungen legt dabei die Grundlagen fest:

- Transparente Vergabeverfahren,
- Gleichbehandlung, Benachteiligungsverbot,
- Vergabe nach Fachkunde, Leistungsfähigkeit und Zuverlässigkeit,
- Zuschlagserteilung auf das wirtschaftlichste Angebot,
- Nachprüfungsanspruch des Bieters.

Außerdem geht es um Begriffsbestimmungen: Wer genau ist öffentlicher Auftraggeber, was sind öffentliche Aufträge? Weitere Inhalte des Gesetzes sind: Anwendungsbereich und Arten der Vergabe (offenes/nicht offenes Verfahren oder Verhandlungsverfahren), Grundsatz des offenen Verfahrens, Ausnahmen.

Im zweiten Teil des Gesetzes werden die Nachprüfungsmöglichkeiten geregelt: Grundsatz über die Nachprüfung öffentlicher Verfahren durch die Vergabeprüfkammern, Vergabeprüfstellen, die die Einhaltung der Vergabebestimmungen selbstständig oder auf Antrag (zum Beispiel eines unterlegenen Bieters) überprüfen. Es wird erläutert, wer Anspruch auf Nachprüfung hat sowie die Vorschriften für die Durchführung der Verfahren, die Akteneinsicht und die Rechtsmittel. Übrigens finden sich hier auch Vorschriften über den Schadenersatz wegen Rechtsmissbrauch.

Verordnung über die Vergabe öffentlicher Aufträge (Vergabeverordnung – VgV)

Die Verordnung über die Vergabe öffentlicher Aufträge dient der Umsetzung des europäischen in nationales Vergaberecht. Sie spezifiziert schon genauer als das Gesetz gegen Wettbewerbsbeschränkungen: »Die Vergabeverordnung trifft nähere Bestimmungen über das bei der Vergabe öffentlicher Aufträge einzuhaltende Verfahren sowie über Zuständigkeiten und das Verfahren bei der Durchführung von Nachprüfungsverfahren [...]« (§ 1 VgV).

In § 2 der Verordnung werden die Schwellenwerte für die Vergabe öffentlicher Aufträge festgelegt: Aufträge im Rahmen der Trinkwasser- und Energieversorgung sowie im Verkehrsbereich 400 000 Euro, Bauaufträge (nach der VOB) fünf Millionen Euro. Für die Feuerwehren und Rettungsdienste ist von besonderem Interesse: »alle anderen Liefer- und Dienstleistungsaufträge: 200 000 Euro«. Andere Schwellenwerte für freihändige Vergabe, nationale Ausschreibungen etc. sind gegebenenfalls durch kommunales Recht oder Landesrecht festgelegt.

In § 3 wird der Rahmen zur Schätzung der Auftragswerte gesteckt. Auszug: »Bei der Schätzung des Auftragswertes ist von der geschätzten Gesamtvergütung [...] auszugehen. [...] Der Wert des beabsichtigten Auftrages darf nicht in der Absicht geschätzt oder aufgeteilt werden, ihn der Anwendung der Bestimmungen zu entziehen.«

§ 4 der Vergabeverordnung legt die Beschaffungsstellen, wenn der Schwellenwert nach § 2 (200 000 Euro) überschritten wird, bei der Vergabe von Liefer- und Dienstleistungsaufträgen auf die Anwendung der Verdingungsordnung für Leistungen (VOL/A), Teil A, 2. Abschnitt fest (Verpflichtung zur Anwendung der so genannten »a-Paragrafen«). Hier werden die Bestimmungen zur Anwendung des europäischen Vergaberechts, u. a. der EG-Lieferkoordinierungsrichtlinie, spezifiziert.

§ 15 der Vergabeverordnung beschreibt die Voraussetzungen für eine elektronische Angebotsabgabe. Dieses Verfahren hat besonders bei einigen Unternehmen in der Privatwirtschaft bereits einen ganz erheblichen Anteil erreicht und gewinnt für die öffentlichen Auftraggeber zunehmend an Bedeutung.

In § 16 wird beschrieben, welche Personen von Entscheidungen bei Vergabeverfahren ausgeschlossen werden müssen. Dies sind beispielsweise als befangen geltende Personen, die den Bieter, beraten, unterstützen oder gesetzlich vertreten, bei einem Bieter oder Bewerber gegen Entgelt beschäftigt oder Mitglied seines Vorstandes oder Aufsichtsrates sind. Eingeschlossen werden auch Angehörige oder Lebenspartner. Der Personenkreis wird recht ausführlich beschrieben.

Im Abschnitt 2 der Vergabeverordnung werden die Nachprüfungsbestimmungen (für das Vergabeverfahren) beschrieben: Vergabekammern, Schlichtungsverfahren, Korrekturmöglichkeiten der (EU-)Kommission etc. Aber soweit soll es ja möglichst nicht kommen.

Verdingungsordnung für Leistungen, Teil A (VOL/A)

Nicht ohne Grund wird manchmal die VOL/A als die Bibel des Beschaffers bezeichnet. Am besten ist sie mit einem guten Kommentar zu genießen! Ein guter Kommentar ist nicht billig, aber es lohnt sich. Es ist praktisch, wenn man seiner Vergabestelle schon im Vorfeld sagen kann, was zu dieser und jener Definition oder Auslegung herrschende Rechtsmeinung ist oder entsprechend bei Diskussionen gegenhalten kann. Die vom »Deutschen Verdingungsausschuss für Leistungen« erarbeitete Neufassung der Verdingungsordnung für Leistungen (VOL) vom 17. August 2000 dient der Umsetzung des aktuellen EU-Rechts, welches wiederum an die Bestimmungen der Welthandelsorganisation (WHO) angepasst wurde.

Der Abschnitt 1 des Teiles A der VOL (VOL/A) gilt unterhalb des in der Vergabeverordnung (VgV) genannten Schwellenwertes (in unserem Fall 200 000

Euro). Die Abschnitte 2 bis 4 der VOL/A gelten oberhalb des o. g. Schwellenwertes. Die Neufassung der VOL/A ermöglicht die Zulassung elektronischer Angebote durch die öffentlichen Auftraggeber. Unterhalb des Schwellenwertes ist dies in § 21 der VOL/A geregelt, oberhalb explizit nur durch § 15 der Vergabeverordnung.

Auszug aus der Inhaltsübersicht der Verdingungsordnung für Leistungen (VOL) vom 17. August 2000

VOL Teil A
Allgemeine Bestimmungen für die Vergabe von Leistungen

Abschnitt 1:
Basisparagrafen

§ 1 Leistungen
§ 2 Grundsätze der Vergabe
§ 3 Arten der Vergabe
§ 4 Erkundung des Bewerberkreises
§ 5 Vergabe nach Losen
§ 6 Mitwirkung von Sachverständigen
§ 7 Teilnehmer am Wettbewerb
§ 8 Leistungsbeschreibung
§ 9 Vergabeunterlagen, Vertragsbedingungen
§ 10 Unteraufträge
§ 11 Ausführungsfristen
§ 12 Vertragsstrafen
§ 13 Verjährung der Gewährleistungsansprüche
§ 14 Sicherheitsleistungen
§ 15 Preise
§ 16 Grundsätze der Ausschreibung
§ 17 Bekanntmachung, Aufforderung zur Angebotsabgabe
§ 18 Form und Frist der Angebote
§ 19 Zuschlags- und Bindefrist
§ 20 Kosten
§ 21 Inhalt der Angebote
§ 22 Öffnung der Angebote bei Ausschreibungen; Vertraulichkeit
§ 23 Prüfung der Angebote
§ 24 Verhandlungen mit Bietern bei Ausschreibungen
§ 25 Wertung der Angebote
§ 26 Aufhebung der Ausschreibung
§ 27 Nicht berücksichtigte Angebote
§ 28 Zuschlag
§ 29 Vertragsurkunde
§ 30 Vergabevermerk

Abschnitt 2:

Bestimmungen nach der EG Lieferkoordinierungsrichtlinie[a] und der EG-Dienstleistungsrichtlinie[b]

§ 1	*Leistungen*
§ 1a	*Verpflichtung zur Anwendung der a-Paragrafen*
§ 2	*Grundsätze der Vergabe*
§ 3	*Arten der Vergabe*
§ 3a	*Arten der Vergabe*
§ 4	*Erkundung des Bewerberkreises*
§ 5	*Vergabe nach Losen*
§ 6	*Mitwirkung von Sachverständigen*
§ 7	*Teilnehmer am Wettbewerb*
§ 7a	*Teilnehmer am Wettbewerb*
§ 8	*Leistungsbeschreibung*
§ 8a	*Leistungsbeschreibung*
§ 9	*Vergabeunterlagen. Vertragsbedingungen*
§ 9a	*Angabe der Zuschlagskriterien*
§ 10	*Unteraufträge*
§ 11	*Ausführungsfristen*
§ 12	*Vertragsstrafen*
§ 13	*Verjährung der Gewährleistungsansprüche*
§ 14	*Sicherheitsleistungen*
§ 15	*Preise*
§ 16	*Grundsätze der Ausschreibung*
§ 17	*Bekanntmachung. Aufforderung zur Angebotsabgabe*
§ 7	*Bekanntmachung. Aufforderung zur Angebotsabgabe*
§ 18	*Form und Frist der Angebote*
§ 18a	*Formen und Fristen*
§ 19	*Zuschlags- und Bindefrist*
§ 20	*Kosten*
§ 21	*Inhalt der Angebote*
§ 22	*Öffnung der Angebote bei Ausschreibungen; Vertraulichkeit*
§ 23	*Prüfung der Angebote*
§ 24	*Verhandlungen mit Bietern bei Ausschreibungen*
§ 25	*Wertung der Angebote*
§ 26	*Aufhebung der Ausschreibung*
§ 26a	*Mitteilung über den Verzicht auf die Vergabe*
§ 27	*Nicht berücksichtigte Angebote*
§ 27a	*Nicht berücksichtigte Bewerbungen und Angebote*
§ 28	*Zuschlag*
§ 28a	*Bekanntmachung über die Auftragserteilung*
§ 29	*Vertragsurkunde*
§ 30	*Vergabevermerk*
§ 30a	*Melde- und Berichtspflichten*
§ 31a	*Wettbewerbe*
§ 32a	*Nachprüfungsbehörden*

§ 11	*Vertragsstrafe*
§ 12	*Güteprüfung*
§ 13	*Abnahme*
§ 14	*Gewährleistung und Verjährung*
§ 15	*Rechnung*
§ 16	*Leistungen nach Stundenverrechnungssätzen*
§ 17	*Zahlung*
§ 18	*Sicherheitsleistung*
§ 19	*Streitigkeiten*

[a] Richtlinie 93/36/EWG vom 14. Juni 1993 über die Koordinierung der Verfahren zur Vergabe öffentlicher Lieferaufträge (Lieferkoordinierungsrichtlinie LKR).

[b] Richtlinie 92/50/EWG vom 18. Juni 1992 über die Koordinierung der Verfahren zur Vergabe öffentlicher Dienstleistungsaufträge (DKR).

5.2 Umsetzung der VOL/A

5.2.1 Einleitung des Vergabeverfahrens

Nach dem allgemeinen Überblick befassen wir uns nun mit der Durchführung des Vergabeverfahrens, soweit es für den Techniker von Bedeutung ist.

Anwendung der »a-Paragrafen«

Bei unserem Musterprojekt, der Beschaffung von zehn Rettungswagen mit Kofferaufbau, wird der Gesamtwert des Auftrages deutlich über dem Schwellenwert von 200 000 Euro (§ 2 der Vergabeverordnung) liegen. § 4 der VgV verpflichtet uns daher, die Leistung europaweit auszuschreiben und den Abschnitt 2 der VOL/A anzuwenden.

Die Urheber der VOL haben praktisch gedacht. Der Abschnitt 2 umfasst die »Basisparagrafen« des Abschnittes 1 und zusätzlich jeweils dahinter die so genannten »a-Paragrafen«. (Wie Sie in der Inhaltsübersicht der VOL/A sehen können, steht hinter vielen Paragrafen des Abschnitts 2 ein kleines »a«.) Diese »a-Paragrafen« setzen das europäische Vergaberecht in nationales Recht um. So folgt hinter dem § 1, Leistungen (Begriffsbestimmungen), der § 1a, der uns verpflichtet, die »a-Paragrafen« anzuwenden. Wir brauchen also nicht hin und her zu blättern und können uns bei Auftragswerten von mehr als 200 000 Euro fast ausschließlich auf den Abschnitt 2 der VOL/A beschränken.

Sollten wir bei anderer Gelegenheit einen Auftragswert unter 200 000 Euro haben, befassen wir uns analog nur mit dem Abschnitt 1 der VOL, Basisparagrafen.

Grundsätze der Vergabe
§ 2 des Abschnitts 2 legt die Grundsätze der Vergabe fest: Leistungen sind im in der Regel im Wettbewerb zu vergeben. Wettbewerbsbeschränkende Verhaltensweisen sind zu bekämpfen.

Arten der Vergabe
Hier greift zum ersten Mal ein »a-Paragraf«. Zwar spricht der § 3 von verschiedenen Vergabeverfahren wie öffentlicher Ausschreibung, beschränkter Ausschreibung oder freihändiger Vergabe, der § 3a schränkt dies jedoch stark ein: Aufträge sollen grundsätzlich nach öffentlicher Ausschreibung vergeben werden. Dies ist (besonders bei Anwendung der »a-Paragrafen«) das Regelverfahren.

Ausnahmen sind nur unter besonderen Voraussetzungen möglich. Hier wird es kniffelig und wir brauchen in jedem Fall den Rat von Fachleuten. So ist eventuell ein so genannter Teilnehmerwettbewerb, eine beschränkte Ausschreibung oder das Verhandlungsverfahren (freihändige Vergabe) möglich, wenn zum Beispiel eine Ausschreibung keinen Erfolg hatte. Ein weiterer Grund kann eine Nachbestellung von maximal 20 % des Auftragswertes oder besondere Eilbedürftigkeit sein. Spätestens hier kommt der Kommentar zur VOL zu Geltung. Eilbedürftigkeit dürfen wir beispielsweise nicht vorausgesehen, selbst zu vertreten oder durch »Bummelei« selbst verursacht haben. Es ist aktenkundig zu machen, warum vom Regelverfahren abgewichen wurde. Vor einer beschränkten Ausschreibung oder freihändigen Vergabe muss dann wieder in einem öffentlichen Verfahren der Teilnehmerkreis erkundet werden. Spätestens hier beißt sich die Katze ein Stück weit in den Schwanz. Also – beschränken wir uns hier auf das Regelverfahren, die öffentliche Ausschreibung.

Vergabe nach Losen
§ 4: Soweit dies nach Art und Umfang zweckmäßig scheint, ist die Leistung in Lose zu teilen. Dabei ist jedoch eine unwirtschaftliche Zersplitterung zu vermeiden. Vorbehalte und Einschränkungen sind bereits in der Bekanntmachung und in der Aufforderung zur Angebotsabgabe zu benennen.

In unserem Musterfall kommt zum Beispiel die Aufteilung in die Lose Fahrgestell, Auf- und Ausbau sowie Beladung in Betracht. Bei großen Aufträgen kann theoretisch weiter untergliedert werden. Bei den hier in Frage kommenden Stückzahlen scheint eine weitere Untergliederung weniger wirtschaftlich.

Zwar mag es möglich sein, den einen oder anderen Preisvorteil zu erzielen, dafür steigt der Aufwand für die Bearbeitung und die Koordination der einzelnen Zulieferer. Dies bedarf jeweils einer sorgfältigen Abwägung.

Soll ein öffentliches Verfahren durchgeführt werden, ist dies nach einem bestimmten Muster im Supplement (Anhang) zum Amtsblatt der Europäischen Gemeinschaften zu veröffentlichen. Üblicherweise werden parallel auch in weiteren Amtsblättern wie dem Bundesausschreibungsblatt und in geeigneten Tages- oder Fachzeitungen Bekanntmachungen veröffentlicht.

Teilnehmer am Wettbewerb

Die §§ 7 und 7a beschreiben noch einmal, wer unter welchen Voraussetzungen als Bieter zuzulassen ist. Ausländische Bieter genießen die gleichen Rechte wie inländische Bieter. Weiter wird näher beschrieben, wie die drei Merkmale Fachkunde, Leistungsfähigkeit und Zuverlässigkeit zu bewerten sind. Darauf werden wir bei der Angebotsbewertung noch näher eingehen.

Es ist erforderlich, bereits in den Verdingungsunterlagen Nachweise zu fordern um die Fachkunde, Leistungsfähigkeit und Zuverlässigkeit bereits in den vorzulegenden Unterlagen prüfen zu können. Folgenden Nachweise können verlangt werden (sie müssen allerdings nicht):

- In finanzieller und wirtschaftlicher Hinsicht: entsprechende Bankauskünfte, Vorlage von Bilanzen oder Bilanzauszügen, wenn deren Veröffentlichung vorgeschrieben ist (dann brauchen Sie allerdings auch jemand, der eine Bilanz lesen kann...), Erklärungen über den Gesamtumsatz des Unternehmens und den Umsatz bezüglich der verlangten Leistungsart bezogen auf die vergangenen drei Geschäftsjahre;

- In fachlicher und technischer Hinsicht je nach Art, Menge und Verwendungszweck:

– Eine Liste der wesentlichen in den vergangenen drei Jahren erbrachten Leistungen mit Angabe des Rechnungswertes, der Leistungszeit sowie der öffentlichen oder privaten Auftraggeber. Dazu können auch Bescheinigungen und Erklärungen der Auftragnehmer verlangt werden. Diese Referenzliste ist ein wirksames Mittel zur Angebotsbewertung. Verlangen Sie in der Liste unbedingt auch Namen, Anschrift und Telefonnummer des Auftraggebers.
– Erklärungen zur technischen Ausrüstung und zu Qualitätssicherungsmaßnahmen sowie zu Forschungs- und Untersuchungsmöglichkeiten des Bieters;

- Angaben über die technische Leitung und die Leitung der Qualitätssicherung;
- Muster, Beschreibungen und Fotos der zu erbringenden Leistung, ggfs. mit Echtheitsbescheinigung;
- Bescheinigungen autorisierter Qualitätskontrollinstitute, dass die verlangte Leistung bestimmten Spezifikationen und Normen entsprechen;
- Nachweise über die berufliche Befähigung insbesondere der für die Leistungen verantwortlichen Personen.

Der Auftraggeber muss diese Nachweise bereits in der Bekanntmachung nach § 17 VOL/A und der Aufforderung zur Angebotsabgabe fordern. Bei stichhaltigen Hinderungsgründen können hilfsweise auch andere Nachweise akzeptiert werden.

Ausgeschlossen werden können BieterBieter
- über deren Vermögen ein Konkursverfahren eröffnet wurde, die sich im Vergleichsverfahren oder in Liquidation befinden,
- die nachweislich eine schwere Verfehlung begangen haben, die ihre Zuverlässigkeit als Bewerber in Frage stellt (nicht gezahlte Steuern, Abgaben oder Pflichtbeiträge, vorsätzlich falsche Angaben über Fachkunde Leistungsfähigkeit und Zuverlässigkeit, auch Straftatbestände wie Bestechung, Vorteilsgewährung, Untreue aber auch zivilrechtliche Verurteilungen wegen Preisabsprachen oder Verstöße gegen das Gesetz gegen den unlauteren Wettbewerb).

Zulässig (und üblich) ist auf Verlangen die Abgabe amtlicher Bescheinigungen und schriftlicher Erklärungen, dass die genannten Ausschlussgründe nicht zutreffen. Auch entsprechende Strafregisterauszüge können verlangt werden.

Wir sehen also, der Auftraggeber kann Bieter schon ordentlich quälen. Erfahrene Bieter haben vorgefertigte Sätze der erforderlichen Erklärungen und Bescheinigungen, die routinemäßig vorgelegt werden. Über allem steht jedoch der Grundsatz der Verhältnismäßigkeit. Ziel ist es sicherzustellen, dass der für die Auftragsvergabe vorgesehene Bieter tatsächlich über die erforderliche Fachkunde, Leistungsfähigkeit und Zuverlässigkeit verfügt, um den vorgesehenen Auftrag auszuführen. Hierfür bietet die angemessene, verhältnismäßige und geschickte Anwendung der §§ 7 und 7a der VOL/A ein recht wirkungsvolles Instrument. Wir werden bei der Angebotsbewertung noch näher darauf eingehen.

Leistungsbeschreibung
Die § 8 und 8a befassen sich mit den Anforderungen an die Leistungsbeschreibung:

(1) *Die Leistung ist so erschöpfend zu beschreiben, dass alle Bieter sie in gleicher Weise verstehen müssen und die Angebote miteinander verglichen werden können.*
(2) *Um eine einwandfreie Preisermittlung zu ermöglichen, sind alle sie beeinflussenden Umstände festzustellen und in den Verdingungsunterlagen anzugeben.*
(3) *Dem Auftraggeber soll kein ungewöhnliches Wagnis aufgebürdet werden für Umstände und Ereignisse, auf die er keinen Einfluss hat und deren Einwirkung auf die Preise und Fristen er nicht im Voraus schätzen kann.*

Weiter wird festgelegt, dass die Leistung möglichst mit Hilfe europäischer Normen, Spezifikationen etc. beschrieben werden soll. Mit diesem Paragrafen haben wir uns bereits bei der Planung und der Formulierung der Leistungsbeschreibung befasst.

Vergabeunterlagen, Vertragsbedingungen, Zuschlagskriterien
Die § 9 und 9a legen den Inhalt der Vergabeunterlagen fest. Dies sind das Anschreiben (Aufforderung zur Angebotsabgabe) und die Verdingungsunterlagen. Sie werden auf Verlagen des Bieters nach Veröffentlichung der Bekanntmachung gegen eine Gebühr übersandt.

Hier wird auch bestimmt, dass die Allgemeinen Vertragsbedingungen für die Ausführung von Leistungen (VOL/B) Bestandteil des Vertrages werden. Dies ist in den Vergabeunterlagen vorzuschreiben. Es gelten also nicht die Vertragsbedingungen des Bieters, sondern die des öffentlichen Auftraggebers! Die VOL/B kann durch zusätzliche, ergänzende und besondere Vertragsbedingungen ergänzt werden. Auch dies ist in den Vergabeunterlagen anzugeben. Die einzelnen Regeln dürfen der VOL/B nicht widersprechen.

Routinierte Vergabestellen haben diese Unterlagen in standardisierter Form vorbereitet. Spätestens bei diesen Vertragsbedingungen hören die meisten Menschen auf zu lesen. Spannend wird es immer dann, wenn es zum Streit kommt. Sie sollten dann die Vertragsbedingungen vorher gelesen haben! Ist Ihr Projekt nicht Routine, sollten Sie sich schon die Mühe machen, auch die Vertragsbedingungen vor der Versendung einmal zu lesen. Schließlich wollen Sie doch wissen, zu welchen Regeln gespielt wird, und Sie wollen womöglich die Regeln bestimmen! Versuch und Irrtum können schon einmal unangenehm werden.

In § 9a wird auch festgelegt, dass die Auftraggeber in den Verdingungsunterlagen oder in der Vergabebekanntmachung alle Zuschlagskriterien angeben, deren Verwendung sie vorsehen. Die Reihenfolge der Angabe soll möglichst der Reihenfolge der zuerkannten Bedeutung entsprechen.

Spätestens hier müssen Sie sich also schon klar werden, nach welchen Kriterien Sie die Angebote bewerten wollen. Maßgebend sind stets die Umstände des Einzelfalles. Kriterien können sein: Preis, technische und funktionsbedingte Gesichtspunkte, Qualität, Zweckmäßigkeit, Kundendienst, Lieferfrist und Betriebskosten. Immer geht es jedoch um die Auswahl des nach den jeweiligen Umständen wirtschaftlichsten Angebotes.

Nach den Haushaltsgesetzen des Bundes und der Länder sind immer die Grundsätze der Wirtschaftlichkeit und Sparsamkeit zu beachten. Der Angebotspreis als einziges oder wesentlichstes Zuschlagskriterium ist zumindest in unserem Musterfall ein grober Verstoß gegen das Wirtschaftlichkeitsgebot. Vielmehr spielen unter anderem Lieferzeit, Zweckmäßigkeit und die »Total Costs of Ownership«, die Kosten über die Lebenszeit des Produktes, also auch Betriebskosten, Aufwendungen für Instandhaltung und Instandsetzung, Verfügbarkeit, Service, Ausbildung etc. eine wesentliche Rolle.

Ausführungsfristen und Vertragsstrafen

Die §§ 11 und 12 befassen sich mit Ausführungsfristen und Vertragsstrafen. Ausführungsfristen sollten immer vorher geklärt sein und bei Auftragserteilung verbindlich vereinbart werden. Anderenfalls sind Sie dem Auftragnehmer mehr oder weniger hilflos ausgeliefert. Überschreitungen der Lieferzeit um zwölf Monate (ohne die ohnehin vereinbarte Lieferzeit!) sind durchaus nicht unbekannt.

Vertragsstrafen dürfen für die Überschreitung von Ausführungsfristen ausbedungen werden. Dies jedoch nur, wenn die Überschreitung erhebliche Nachteile verursachen kann. Beispiel: Müssen zur Aussonderung heranstehende Fahrzeuge mit unverhältnismäßig hohen Kosten weiter in Betrieb gehalten werden oder kann eine erforderliche Kapazitätsanpassung nicht zeitgerecht erfolgen, sind dies sicherlich Gründe für die Vereinbarung einer Vertragsstrafe.

Nach bürgerlichem Recht ist eine Vertragsstrafe von 0,5 % des Auftragswertes pro vollendete Woche Verzug maximal für sechs Wochen zulässig. Damit dürfte dann etwa der übliche kalkulatorische Gewinn aus dem Auftrag aufgezehrt sein. Voraussetzung ist, dass ein eindeutiger Liefertermin, ein im Kalender ablesbares Datum (!), verbindlich vereinbart wurde. Eine Angabe wie »Lieferung sechs Wochen nach Auftragserteilung« reicht für die Durchsetzung nicht aus.

Sicherheitsleistungen
Nach § 14 können Sicherheitsleistungen gefordert werden, wenn dies erforderlich scheint. Die Sicherheitsleistung soll hiernach 5 % der Auftragssumme nicht überschreiten. Auch hier ist zu beachten, das dies bereits in den Vergabeunterlagen genannt werden muss. Sicherheitsleistungen wie zum Beispiel Ausfall- oder Erfüllungsbürgschaften binden Kapital und kosten Zinsen. Sie müssen sich daher im Angebotspreis niederschlagen. Daher muss vor Angebotsabgabe Klarheit geschaffen werden.

Auch der Auftraggeber muss sich darüber klar sein, dass Sicherheitsleistungen notwendig erscheinen können, um den Auftrag abzusichern. Er muss sich jedoch auch darüber klar sein, dass dies den Angebotspreis in die Höhe treibt. Ein einfaches Rechenbeispiel: Eine Ausfallbürgschaft von 100 000 Euro kostet bei einem Zinssatz von 8 % für ein Jahr immerhin 8 000 Euro. Dies liegt deutlich über dem branchenüblichen kalkulatorischen Gewinn von rund 1 bis 3 %.

Verfahrensablauf der Vergabe
Hier wollen wir unseren Ausflug durch das Vergaberecht zunächst beenden. Die Vergabestelle wird also im Supplement zum Amtsblatt der Europäischen Gemeinschaften und anderen Medien die Bekanntmachung inserieren. Zehn Tage später muss Sie in der Lage sein, die Verdingungsunterlagen zu versenden.

Nach einer Mindestangebotsfrist von 52 Tagen erfolgt die Submission, die Angebotseröffnung. Bis dahin werden alle Angebote bei einer von der ausschreibenden Abteilung getrennten Stelle (zum Beispiel der Poststelle) verschlossen im Panzerschrank verwahrt. Die Frist muss ausreichend sein, um ein aussagefähiges Angebot zu kalkulieren. Dabei ist in unserem Fall auch zu berücksichtigen, dass üblicherweise auch eine ganze Reihe Preise für Fremdleistungen ermittelt werden müssen. Die Mindestfrist von 52 Tagen nach § 18a reicht in unserem Musterfall üblicherweise aus.

Jeder Umschlag erhält einen Eingangsvermerk mit Datum und Uhrzeit und muss bis zum Zeitpunkt der Öffnung unter Verschluss gehalten werden. Sollte versehentlich ein Angebot bei Ihnen landen, sorgen Sie dafür, dass dieses Angebot umgehend und verschlossen bei der in der Veröffentlichung genannten Stelle abgegeben wird! Die Submission, die Verhandlung zur Öffnung der Angebote, soll unverzüglich nach Ablauf der Angebotsfrist stattfinden.

Ein Hinweis: Wenn in der Veröffentlichung der Stichtag und beispielsweise als Uhrzeit 12.00 Uhr genannt ist, ist auch 12.00 Uhr gemeint und nicht 12.30 Uhr! Einzige Ausnahme: Der Bieter hat den verzögerten Eingang des Angebotes nicht zu vertreten. Beispiel: Die Post oder ein Kurierdienst sichern eine Lieferfrist verbindlich zu und der Bieter kann beweisen, dass er fristgerecht dort abgeliefert hat. Also etwa die (belegbare) Aussage: »Bis 18.00 Uhr gebracht, spätestens am Folgetag bis 12.00 Uhr zugestellt«. Ein Einlieferungsschein vom Vortag, 17.30 Uhr, kann vorgelegt werden, die Post stellt aber erst einen Tag später zu. In diesem Fall ist das Gebot zu werten.

Öffnung der Angebote, Vertraulichkeit
Bei der Submission, der »Verhandlung zur Öffnung der Angebote«, stellt der »Verhandlungsleiter« fest, ob die Angebote ordnungsgemäß verschlossen und äußerlich gekennzeichnet sind (üblicherweise wird ein vorbereiteter und mitgelieferter Umschlag für das Angebot verwendet). Weiter wird festgestellt, ob die Angebote bis zum Ablauf der Angebotsfrist richtig aufbewahrt wurden. Die Angebote werden gestempelt. Jede Seite jedes Angebotes erhält einen Stempel »Datum:..., Angebot Nr.:..., Seite x von y Seiten«. Damit stehen nun die Angebote zur Bewertung zur Verfügung. Es ist eine Niederschrift zu fertigen. Bieter sind bei der Öffnung nicht zugelassen. Die Niederschrift und die Angebote sind vertraulich zu behandeln. Alle Unterlagen, auch die Umschläge der nicht zugelassenen Gebote sind als Beweismittel aufzubewahren.

Die weiteren Formvorschriften möchte ich Ihnen ersparen. Für den, der lesen kann, riecht es hier aber deutlich nach einer Menge schlechter Erfahrungen. Die sollten Sie sich ersparen. Also, seien Sie vor allem im formalen Verfahren entsprechend sorgfältig und vorsichtig. Wenn Sie meinen, Sie müssten einem alten Bekannten einen Gefallen tun, suchen Sie sich eine andere Gelegenheit!

6 Vor der Auftragserteilung: die Submission

6.1 Angebotsbewertung

Nun wird es langsam spannend! Nach der Angebotsfrist läuft jetzt die Zuschlagsfrist nach § 19 VOL/A. In dieser Frist wird die Angebotsbewertung und Auftragsvergabe durchgeführt. Die – vorher festgesetzte und veröffentlichte – Zuschlagsfrist muss so ausreichend bemessen sein, dass eine ordnungsgemäße Auftragsvergabe, einschließlich eines Einspruchsverfahrens möglich ist. Es ist vorzusehen, dass der Bieter bis zum Ablauf an sein Angebot gebunden ist (Bindefrist). Aufgabe ist es zunächst, die vorliegenden Angebote auszuwerten. Ziel ist die Auswahl des wirtschaftlichsten Angebotes. Welche Anforderungen werden an die Angebote gestellt?

6.1.1 Inhalt der Angebote

Die Angebote müssen folgende Inhalte aufweisen:

- Nach § 21 der VOL *müssen* die Angebote die Preise sowie die geforderten Angaben und Erklärungen enthalten.
- Die Angebote *müssen* unterschrieben sein.
- Änderungen des Bieters an seinen Eintragungen *müssen* zweifelsfrei sein.
- Änderungen an den Verdingungsunterlagen *sind unzulässig*.
- Muster und Proben *müssen* als zum Angebot gehörig gekennzeichnet sein.
- Etwaige Nebenangebote oder Änderungsvorschläge *müssen* auf besonderer Anlage gemacht und als solche deutlich gekennzeichnet sein.
- Der Bieter *muss* (auf Verlangen) angeben, ob für den Gegenstand seines Angebotes Schutzrechte bestehen oder beantragt sind.
- Der Bieter *hat immer anzugeben*, wenn er Angaben aus seinem Angebot für die Anmeldung von Schutzrechten verwerten will.

6.1.2 Prüfung

Nicht ohne Grund sind in Punkt 6.1.1 einige Worte kursiv gesetzt worden. Sind diese Voraussetzungen nicht erfüllt, *muss* der Bieter nach den Regeln der VOL/A ausgeschlossen werden! Bei fehlenden Preisangaben ist es jedoch Voraussetzung, dass die Preisangaben für die Wertung wesentlich sind. Maßgeblich ist dabei, ob sich durch die Ergänzung dieser Preisangaben die Wettbewerbsstellung des Bieters verändert. Gerät weder die Wettbewerbsstellung noch die Eindeutigkeit des Angebotes in Gefahr, ist das Angebot nicht auszuschließen. Dies kann zum Beispiel die fehlende Preisangabe für ein einzelnes Bauteil sein, wenn sich der Gesamtpreis nicht verändert. Eine (nachgereichte) komplette Ersatzteilpreisliste kann die Wettbewerbsposition allerdings durchaus verändern (wenn es sich beispielsweise auf einmal um den Bieter mit den günstigsten Ersatzteilpreisen handelt).

Die verbleibenden Angebote sind auf Vollständigkeit sowie rechnerische und fachliche Richtigkeit zu prüfen. Dazu können auch Sachverständige herangezogen werden. Die inhaltliche Prüfung nimmt in unserem Fall, wir kaufen ja nicht unkomplizierte Massenartikel wie Bleistifte oder ähnliches, einen breiten Raum ein.

Der Auftrag ist auf das wirtschaftlich günstigste Angebot zu erteilen. Das günstigste Angebot muss jedoch durchaus nicht das Angebot mit dem niedrigsten Einstandspreis sein (§ 25 Abs. 3 VOL/A). Es können zum Beispiel folgende Kriterien zur Bewertung herangezogen werden: Qualität, technischer Wert, Ästhetik (!?) und Zweckmäßigkeit, Betriebskosten, Rentabilität, Kundendienst und technische Unterstützung, Verpflichtungen zur Ersatzteillieferung und Versorgungssicherheit, Ausführungsdauer und Lieferfrist. Es sei an dieser Stelle noch einmal daran erinnert, dass die Bewertungskriterien, möglichst in der Reihenfolge ihrer Bedeutung vorher genannt werden müssen. Es dürfen zur Wertung nur Kriterien herangezogen werden, die vorher in der Ausschreibung genannt wurden! Die Angebote müssen die Preise und die sonstigen Angaben und Erklärungen enthalten. Dies können beispielsweise sein: Proben und Muster, Entwurfsskizzen, Maßangaben, Berechnungen wie Energie- und Gewichtsbilanz, Festigkeitsnachweise, Referenzlisten.

Bei der Auswahl kommen nur Bieter in Betracht, die für die Erfüllung der Leistung die erforderliche *Fachkunde, Leistungsfähigkeit* und *Zuverlässigkeit* besitzen (§ 25 VOL/A). Es *können* Angebote ausgeschlossen werden, die nicht die geforderten Angaben und Erklärungen enthalten. Besonders beim Ausschluss muss Augenmerk auf ein transparentes, rechtssicheres und nicht angreifbares Verfahren gelegt werden. Auch in unserem Bereich kommt es immer wieder einmal zu juristischen Angriffen gegen die Auftragsvergabe.

Für die Wertung der Angebote schlage ich, in Übereinstimmung mit einem renommierten Kommentar, ein bewährtes, vierstufiges Bewertungsmodell vor:

1. In der *ersten Phase* sind alle auszuschließenden bzw. ausschließbaren Angebote zu ermitteln, ohne dass eine inhaltliche Wertung dieser Angebote vorgenommen wird.
2. In der *zweiten Phase* ist die Eignung der verbliebenen Bieter im Hinblick auf die erforderliche Fachkunde, Leistungsfähigkeit und Zuverlässigkeit zu prüfen.
3. Die *dritte Wertungsphase* befasst sich mit dem Inhalt der nach erster und zweiter Wertungsphase verbleibenden Angebote. Hier ist die Angemessenheit der Preise zu prüfen.
4. Schließlich wird in der *vierten und letzten Wertungsphase* die Auswahl des unter Berücksichtigung aller Umstände wirtschaftlichsten Angebotes getroffen.

Das Bewertungsraster macht es relativ einfach, die Bewertung in wesentlichen Teilen einfach und schematisch mit Hilfe von Bewertungstabellen durchzuführen. In diesem Modell wird noch einmal das nach dem Vergabe- und Haushaltsrecht korrekte Vorgehen deutlich. Zunächst die Prüfung der Angebote nach formalen Kriterien, danach die sorgfältige Auswahl des wirtschaftlichsten Angebotes. Dabei werden eine ganze Reihe von Kriterien geprüft, von denen die Beschaffungskosten nur eines unter vielen sind. Einzig der Blick auf den Angebotspreis ist ein grober Verstoß gegen das Vergaberecht und den Grundsatz der sparsamen Haushaltsführung. Es liegt auf der Hand, dass die Wertung der Angebote nur von auch technisch kompetenten Fachleuten durchgeführt werden kann.

Erste Wertungsphase: Prüfung der Ausschlusskriterien

Die erste Phase ist eine nüchterne, schematische Prüfung. Es ist einzig und allein festzustellen, ob und welche Angebote auszuschließen sind. Außer den Angeboten brauchen Sie das Original der Leistungsbeschreibung. Legen Sie sich zunächst eine Tabelle an. Das erste Arbeitsblatt erhält die Überschrift »Wertungsphase 1; Prüfung der Ausschlussgründe«. Hier werden in der ersten Spalte untereinander die Prüfungskriterien aufgelistet. Daneben notieren Sie die Bieter in alphabetischer Reihenfolge. Nun können Sie rein schematisch die Angebote

#	Prüfpunkt	Bieter A	Bieter B	Bieter C	Bieter D		
	zwingende Ausschlussgründe:						
1	Angebot rechtzeitig eingegangen?						
2	Angebot rechtsverbindlich unterschreiben?						
3	alle wesentlichen Preisangaben vollständig?						
4	Änderungen an den Verdingungsunterlagen?						
5	Zweifelhafte/missverständliche Änderungen an den Eintragungen des Bieters im Angebot?						
6	Hinweise auf wettbewerbswidrige Absprachen?						
7	unzulässige Nebenangebote und Änderungsvorschläge?						
	mögliche Ausschlussgründe:						
8	Bieter von der Teilnahme am Wettbewerb ausgeschlossen?						
9	Angebot rechnerisch richtig?						
10	alle geforderten Angaben und Erklärungen vorhanden:						
11	Erklärung über ...						
12	Bescheinigung des zust. Finanzamtes ...						
13	Erklärung elektromagnetische Verträglichkeit						
14	Bescheinigungen über die Entrichtung von Steuern, Abgaben und Pflichtbeiträgen vorhanden?						
15	Proben und Muster ... vollständig, gekennzeichnet?						
16	Entwurfszeichnungen vorhanden?						
17	Energiebilanz der elektr. Anlage vorhanden?						
18	vorläufige Gewichtsbilanz vorhanden?						
19	Nachweis Festigkeitsuntersuchungen (Crashtests)						
20	Referenzliste vorhanden?						
21	...						
22	Nebenangebote auf gesonderter Anlage, als solche deutlich gekennzeichnet?						
23	Angaben über vorh. Schutzrechte? (auf Nachfrage)						
24	Schutzrechte beabsichtigt?						
	zwingende Ausschlussgründe vorhanden:						
	mögliche Ausschlussgründe vorhanden:						
	Bieter von der weiteren Bewertung ausgeschlossen?						

*Ausschlusskriterien bitte **fett** markieren!*

Bild 16: Beispieltabelle für die erste Phase der Angebotsbewertung

in der ersten Wertungsphase prüfen. Ein Beispiel finden Sie in Bild 16. Fertigen Sie einen Vermerk über die erste Bewertungsphase und schlagen Sie vor (oder entscheiden selbst) welche Angebote ausgeschlossen werden müssen oder ausgeschlossen werden können.

Ich verwende die Tabelle zunächst als Checkliste. Anhand der Tabelle werden die Angebote nacheinander durchgegangen. Auffälligkeiten werden für jeden Anbieter und jeden Prüfpunkt in einem Vermerk zunächst separat verbal beschrieben, dass Ergebnis in einem Schlusssatz zusammengefasst und parallel in der Tabelle eingetragen. Vorbild können hier die gängigen Produktbewertungen, zum Beispiel in EDV-Zeitschriften oder der Stiftung Warentest sein. Dies hat wenig mit künstlerischer Freiheit zu tun, schafft aber ein sicheres Verfahren. Man kann behaupten »das kann doch jeder«. Die Arbeit sollte gleichwohl von dem Fachmann vorgenommen werden, der die vorgelegten Unterlagen nachher auch bewerten muss. Ob Entwurfszeichnungen, Energiebilanz, Materialproben, Zertifikate etc. wirklich den Namen verdienen und zu einer aussagefähigen Bewertung beitragen können, sollte von dem geprüft werden, der diese Bewertung auch vornehmen soll. Nur so können gegebenenfalls rechtzeitig die erforderlichen Aufklärungsverhandlungen geführt werden.

Ausgeschlossen werden *(müssen)*:
- Angebote, in denen wesentliche Preisangaben fehlen.
- Angebote, die nicht rechtsverbindlich unterschrieben sind.
- Angebote, in denen der Bieter Änderungen an seinen (eigenen) Eintragungen vorgenommen hat, die nicht zweifelsfrei sind.
- Angebote, in denen Änderungen oder Ergänzungen an den Verdingungsunterlagen vorgenommen wurden.
- Angebote, die verspätet eingegangen sind. (Es sei denn, der Bieter kann nachweisen, dass er die Verspätung nicht zu vertreten hat.)
- Angebote von Bietern, die wettbewerbswidrige Absprachen getroffen haben.
- Nebenangebote und Änderungsvorschläge, die der Bieter ausgeschlossen hat.

Ausgeschlossen werden *können*:
- Angebote, die nicht die geforderten Angaben und Erklärungen enthalten.
- Angebote, von Bietern die von der Teilnahme am Wettbewerb ausgeschlossen sind.
- Nebenangebote, die nicht auf gesonderten Anlagen gemacht oder nicht als solche deutlich gekennzeichnet sind.

Sind Sie sich bei der Entscheidung über einen Ausschluss des Bieters nicht sicher, lassen Sie das Angebot zunächst in der Bewertung.

»Verhandlungen« mit Bietern nach Öffnung der Angebote sind nur zulässig, um Zweifelsfragen in Bezug auf das Angebot oder den Bieter aufzuklären. Fehlende Unterlagen, sonstige Angaben und Erklärungen oder nicht wesentliche Preisangaben dürfen nachgefordert werden. Entscheidend ist dabei, ob sich durch nachgereichte Unterlagen die Wettbewerbsstellung des Bieters innerhalb der vorliegenden Angebote verändert (wie bei einem nachgeschobenen Preis) oder die nachträglichen Informationen lediglich der Erläuterung des Angebotes dienen. Verhandlungen über die Preise oder Änderungen des Angebots sind nicht zulässig!

Ausnahmsweise darf bei einem Nebenangebot oder Änderungsvorschlag oder in anderen Ausnahmefällen mit einem Bieter, dessen Angebot als das wirtschaftlichste angesehen wird, im Rahmen der geforderten Leistung über notwendige technische Änderungen geringen Umfangs verhandelt werden. Mit weiteren Bietern darf nicht verhandelt werden. In diesem Ausnahmefall ist also zunächst das wirtschaftlichste Angebot auszuwählen. Erst dann darf mit dem Bieter in geringem Umfang noch einmal verhandelt werden. Keinesfalls darf der Eindruck entstehen, dass Bieter gegeneinander ausgespielt werden oder durch Verhandlungen die Wettbewerbsstellung des Bieters verändert wird! Verweigert ein Bieter die geforderten Angaben oder Erklärungen, *kann* ein Angebot unberücksichtigt bleiben.

Wegen der erforderlichen Verfahrenssicherheit ist das Ergebnis schriftlich festzuhalten. Noch besser ist es, die Verhandlungen gleich schriftlich zu führen! Stellen Sie schriftlich Ihre Frage und nehmen Sie die schriftliche Antwort zum Vorgang. So kann es hinterher keine zwei Meinungen über den Inhalt geben. (Und die wird es relativ schnell geben, wenn Sie zum Beispiel einen Bieter ausschließen!) Grund und Ergebnis der Verhandlungen sind vertraulich zu behandeln. Sie dürfen auch in einem Rechtsstreit anderen Bietern nicht zugänglich gemacht werden. Anderenfalls wäre es relativ einfach, an vertrauliche Informationen über die Mitbewerber zu kommen.

Zweite Wertungsphase: Prüfung der Eignung des Bieters

In dieser Phase geht es nur darum, die Eignung des Bieters (nicht des Angebotes!) zu prüfen. Geeignet ist ein Bieter, der die erforderliche Fachkunde, Leistungsfähigkeit und Zuverlässigkeit besitzt. Es ist zu prüfen, ob der Bieter die persönliche und die sachliche Eignung besitzt, um die verlangte Leistung zu erbringen. Paragraf 25 Ziffer 2 (1) der VOL/A sagt dazu: »Bei der Auswahl der Angebote, die für den Zuschlag in Betracht kommen, sind nur Bieter zu berücksichtigen, die für die Erfüllung der vertraglichen Leistungen die erforderliche Fachkunde, Leistungsfähigkeit und Zuverlässigkeit besitzen.« Was ist das im Sinne der VOL, und wie kann das geprüft werden?

Fachkundig ist der Bieter, der über die für die Vorbereitung und Ausführung der Leistung erforderlichen Kenntnisse verfügt. Bei Leistungen wie in unserem Fall wird in der Regel zu fordern sein, dass der Bieter über entsprechende Referenzen verfügt. Dabei ist zu prüfen, ob die als Referenz benannten Leistungen nach Art und Umfang vergleichbar sind. Die Lieferung einzelner Gerätewagen oder Tragkraftspritzenfahrzeuge ist sicherlich ebenso wenig eine ausreichende Referenz für die Lieferung einer Serie von Hilfeleistungslöschfahrzeugen wie der Bau einzelner KTW für eine Serie von Rettungswagen mit Kofferaufbau. Bei einer Lieferantenbewertung vor Ort kann auch hinterfragt werden, ob entsprechend sachkundiges Personal vorhanden ist.

Leistungsfähig ist der Bieter, der über das für die fach- und fristgerechte Ausführung der Leistung notwendige Personal und die erforderliche räumliche und gerätetechnische Kapazität verfügt. Der Bieter muss die Erfüllung seiner Verbindlichkeiten erwarten lassen. Nach § 7a kann zum Nachweis der Leistungsfähigkeit des Bieters in wirtschaftlicher Hinsicht verlangt werden:

- Bankauskünfte,
- Vorlage von Bilanzen oder Bilanzauszügen, wenn die Veröffentlichung vorgeschrieben ist,
- Erklärung über den Gesamtumsatz des Unternehmens sowie den Umsatz bezogen auf die ausgeschriebene Leistung.

In technischer Hinsicht kann verlangt werden:
- Liste der wesentlichen in den vergangenen drei Jahren erbrachten Leistungen mit Rechnungswert, Leistungszeit und Auftraggeber sowie Bescheinigungen hierüber (Zweckmäßig ist auch Name und Telefonnummer eines Ansprechpartners);
- Beschreibung der technischen Ausrüstung, der Qualitätsmaßnahmen sowie der Forschungs- und Entwicklungsmöglichkeiten des Unternehmens;
- Angaben über die Technische Leitung und die Qualitätskontrolle des Unternehmens;
- Musterbeschreibung und/oder Fotografien der zu erbringenden Leistung, ggfs. mit Echtheitsnachweis;
- Bescheinigungen von Qualitätskontrollinstituten, dass die verlangten Leistungen bestimmten Spezifikationen und Normen entsprechen(!);
- Studiennachweise und Bescheinigungen über die berufliche Befähigung, insbesondere der für die Leistungserbringung verantwortlichen Personen.

Der Auftraggeber muss bereits in der Vergabebekanntmachung (im Zusammenhang mit der Leistungsbeschreibung) bekannt geben, welche Nachweise gefordert werden. Zu sehen ist aber, dass der Auftraggeber durchaus in keiner schlechten Position ist, wenn es sich um die Prüfung der Eignung des Bieters handelt. Ein Beispiel für eine Bewertungstabelle finden Sie in Bild 17.

Der Bieter sollte mit seiner Produktionskapazität zur Auftragsgröße passen. Sehr große Aufträge sollen daher in Lose geteilt werden, um auch kleineren Unternehmen eine Chance zu geben. Bedeutet die Auftragserteilung für den Bieter zum Beispiel fast eine Verdoppelung seiner bisherigen Jahresproduktion, ist es zweifelhaft, ob er diesen Auftrag bewältigen kann. Auch wenn er glaubwürdig versichert, seine Kapazität würde ausreichen – es treten immer unvorhergesehene Probleme auf. Dies kann hier schnell zu einer erheblichen wirtschaftlichen Schieflage führen.

Qualifizierte und in diesem Marktsegment erfahrene Handwerker und Ingenieure findet man nicht an jeder Straßenecke. Wenn man dann das Personal gefunden hat, muss es zunächst erst einmal eingearbeitet werden. Kapazität kann also nicht so ganz einfach und schnell ausgeweitet werden. Vermutlich möchten Sie auch nicht so gern, dass ausgerechnet Ihre Fahrzeuge die Übungsstücke für Neueinstellungen oder nach Umstrukturierungen sind. Und Sie bekommen Ihre Fahrzeuge nicht oder mit erheblichen Verzögerungen, oder es soll auf einmal nachverhandelt werden. Lassen Sie sich nicht beirren! Mit derartigen Aufträgen sind bisher die wenigsten Kunden glücklich geworden. Bedeutet Ihr Auftrag jedoch nur sehr kleinen Teil der Jahresproduktion des Bieters, sind Sie selbst in einer schlechten Position bei der Durchsetzung Ihrer Forderungen. Hinterfragen Sie auch vor diesem Hintergrund sorgfältig die benannten Referenzen.

Zuverlässig ist ein Bieter, der seinen gesetzlichen Verpflichtungen, zum Beispiel der Entrichtung von Steuern, Abgaben und Pflichtbeiträgen nachgekommen ist. Dies wird in der Regel durch eine Bestätigung der zuständigen Stellen oder durch Selbstauskunft hinterfragt. Eine Rolle spielen hier die steuerlichen Unbedenklichkeitsbescheinigungen. Hiermit soll vor allem auch sichergestellt werden, dass niemand Aufträge aus Steuergeldern erhält, der selbst seinen steuerlichen Verpflichtungen nicht nachkommt. Weiter gehört zur Zuverlässigkeit, dass die einwandfreie Erledigung des Auftrages und späterer Garantieleistungen zu erwarten ist. Hier können eigene Erfahrungen sowie Auskünfte von anderen Kunden herangezogen werden. Beim Hinterfragen von Referenzen kann man gelegentlich wahre Wunder erleben: *»Wie bitte? Die Fa. XY benennt uns als Referenzkunden ...?!«*

#	Prüfpunkt	Bieter A	Bieter B	Bieter C	Bieter D		
	Fachkunde						
1	Prüfung der Referenzliste						
2	Leistungen vergleichbar? (Art, Umfang)						
3	zertifizierte Qualitätssicherung vorhanden?						
4	Qualitätssicherung wirksam?						
5	Lieferantenbewertung vor Ort durchführen? (ja/nein)						
6	Lieferantenbewertung vor Ort positiv (ja/nein)						
7	**Kenntnisse, Erfahrungen, Fertigkeiten ausreichend?**						
	Leistungsfähigkeit						
8	Lieferantenbewertung vor Ort durchführen? (ja/nein)						
9	Lieferantenbewertung vor Ort positiv (ja/nein)						
10	erforderliches Personal vorhanden?						
11	erforderliche Ausstellung vorhanden?						
12	finanziell ausreichend leistungsfähig um seine Verbindlichkeiten zu erfüllen? (ggfs. geforderte Bilanzen, Bankauskünfte etc.)						
13	**Leistungsfähigkeit ausreichend?**						
	Zuverlässigkeit						
14	Strafregisterauszug, Bescheinigungen über Konkurs- oder Vergleichsverfahren, Liquidation, andere Ausschlussgründe?						
15	Bescheinigungen über die Entrichtung von Steuern, Abgaben und Pflichtbeiträgen ausreichend?						
16	einwandfreie Erledigung, einschließlich Garantiearbeiten zu erwarten? (eig. Erfahrungen, Referenzkunden)						
17	**kommt seinen gesetzlichen Pflichten nach, lässt einwandfreie Ausführung erwarten?**						
	Bieter geeignet?						
	Bieter von der weiteren Bewertung ausgeschlossen?						

Bewertungspunkte: *0 nicht geeignet*
1 geeignet
2 besonders geeignet

Bild 17: Beispieltabelle für die zweite Phase der Angebotsbewertung

Der Auftraggeber sollte die Voraussetzungen während der ganzen Dauer des Vergabeverfahrens im Auge behalten. Zweifel sind angebracht, wenn zum Beispiel Betriebsleiter oder andere Schlüsselpersonen ausgeschieden sind oder anderes fachkundiges Personal, wie zum Beispiel Kfz-Elektriker, Mangelware sind. Auch hier ist eine Lieferantenbewertung vor Ort eine gute Gelegenheit, dies zu hinterfragen. Treten hier plötzlich wesentliche Änderungen ein, muss man unter Umständen auch kurz vor Ende des Vergabeverfahrens noch zu einer neuen Bewertung kommen. Beachtet der Auftraggeber die Voraussetzungen schuldhaft nicht, kann ein Schadenersatzanspruch auszuschließen sein, wenn bei bekannt negativen Voraussetzungen trotzdem ein Auftrag erteilt wird!

Die Eignung des Bieters hängt auch davon ab, in welchem Umfang Leistungen an Unterauftragnehmer übertragen werden. Der Auftraggeber kann daher zum Beispiel die Übertragung von wesentlichen Teilen der Leistung an Dritte von seiner Zustimmung abhängig machen.

Vorgehensweise

Nehmen Sie wieder die bereits begonnene Arbeitsmappe der Tabellenkalkulation und legen Sie ein neues Arbeitsblatt an. Geprüft werden nun die in der Wertung verbliebenen Bieter auf der Basis der eingereichten Unterlagen, eigener und fremder Erfahrungen. Zur endgültigen Klärung kann auch eine Lieferantenbewertung vor Ort erforderlich werden. Dazu später mehr.

Wieder kann die Tabelle als Checkliste herangezogen werden. Wieder schreiben Sie zu jedem Bieter und jedem Prüfpunkt eine kurze Beschreibung. Die Eigenerklärungen und eventuellen Bescheinigungen zur steuerlichen Unbedenklichkeit etc. sind schnell abgehakt und in der Tabelle vermerkt. Hier sind Probleme eher selten.

Schauen Sie sich die Referenzliste erst einmal in Ruhe an:

- Enthält die Liste alle geforderten Angaben?
- Vergleichen Sie einmal die aus der Liste abzuleitende Jahresproduktionsmenge mit den übrigen Angaben des Bieters. Gibt es wesentliche Abweichungen? Wenn ja, bitten Sie um Aufklärung!
- Welche und wie viele Kunden haben in der letzten Zeit ähnliche Aufträge erteilt?
- Gibt es viele treue Dauerkunden oder nur vereinzelte Aufträge?
- Gibt es Dauerkunden, die anscheinend in jüngster Zeit nicht mehr Kunde sind?

Die Letzten sind die interessantesten Kunden für Sie! Warum haben diese Kunden mehrfach gekauft und auf einmal nicht mehr? Versuchen Sie hinter die Liste zu sehen, und ein wenig das Verhältnis zwischen Bieter und Kunden zu verstehen. Bei der Prüfung der Referenzen ist empfehlenswert, allen Befragten die gleichen Fragen zu stellen. Legen Sie sich doch dazu eine weitere Tabelle an. Schreiben Sie sich eine Reihe von Schlüsselfragen und in Stichworten die Antworten dazu auf. Beispiele:

- Stimmen die Angaben des Bieters über Art und Anzahl der gelieferten Fahrzeuge?
- Warum wurden in der letzten Zeit keine Aufträge mehr erteilt?
- War der Kunde mit der Auftragsabwicklung zufrieden?
- Wo gab es Probleme? Wie hat sich der Bieter dabei verhalten?
- Wurden die Lieferzeiten eingehalten?
- Gab es wesentliche Mängel?
- Wie funktioniert die Garantieabwicklung?
- Die wichtigste Frage: »Würden Sie/werden Sie wieder einen Auftrag erteilen und warum?«

Tragen Sie dort auch ein, wann Sie mit wem gesprochen haben und halten Sie stichwortartig die Ergebnisse fest. Sollte die Prüfung der Referenzen zu einem negativen Ergebnis und zum Ausschluss des Bieters führen, müssen Sie beweissicher sein! Schauen Sie sich die benannten Referenzkunden aufmerksam an: Kunden die wiederholt und größere Stückzahlen des von Ihnen nachgefragten Produktes beschafft haben, sind aussagefähiger als Kunden, die nur gelegentlich einzelne Fahrzeuge kaufen. Kunden, die seit mehreren Jahren regelmäßig ähnliche Stückzahlen beim gleichen Bieter beschaffen, sind vermutlich zufrieden. Interessant sind vor allem Kunden, die möglichst zeitnah ein oder zweimal beschafft haben und dann nicht mehr. Oder Dauerkunden, die auf einmal nicht mehr Dauerkunden sind. Wie ist es dazu gekommen? Das kann Gründe haben, die der Bieter nicht zu vertreten hat – aber auch andere!

Bei einem Auftrag, bei dem es um viel Geld geht und dessen erfolgreiche Abwicklung einige Bedeutung für die Leistungsfähigkeit und die Betriebskostenentwicklung Ihrer Organisation hat, sollten Sie sich schon die Mühe machen, eine Handvoll Referenzkunden anzurufen. Stellen sie eine freundliche Gesprächsatmosphäre her, tasten Sie die Kompetenz des Gesprächspartners ab und legen Sie ein wenig die Hand an den Puls. Fast jeder freut sich, wenn er gefragt wird, sich mit einem Fachmann austauschen und auch mal ein wenig sein Herz ausschütten kann! Und mit den Ergebnissen kann man eine ganze Menge anfangen!

Vergleichen Sie die Erfahrungen Ihrer Gesprächspartner mit eventuellen eigenen Erfahrungen. Hier macht es sich bezahlt, wenn Sie Ihre letzten Beschaffungen ordentlich nachbereitet und dokumentiert haben. Schauen Sie sich Mängellisten an, fragen Sie Nutzer der Fahrzeuge und Ihre Werkstatt.

- Waren Sie mit der Projektabwicklung zufrieden?
- Gab es erhebliche Lieferverzögerungen, die der Bieter zu vertreten hatte?
- Welche Probleme sind bei der Abnahme aufgetreten?
- Welche Garantiearbeiten und Instandsetzungen sind fällig geworden?
- Wie wurde mit Beanstandungen umgegangen?
- Würden Sie wieder kaufen?

Hoffentlich haben Sie genug Belege beisammen, um Ihre Bewertung auch belegen zu können. Welche Informationen liegen Ihnen zu den Fachkenntnissen des Bieters vor? Verfügt der Bieter über ausreichend Personal mit der Kompetenz, Ihren Auftrag erfolgreich abwickeln zu können? Dies betrifft das Projektmanagement, die Konstruktionsleistung und auch die handwerkliche Kompetenz der Mitarbeiter.

Welche Informationen liegen Ihnen zur Leistungsfähigkeit des Bieters vor? Dies betrifft sowohl die personelle, wie auch die materielle Ausstattung. Auch der schönste Betrieb nützt Ihnen nichts, wenn Sie wissen, dass er völlig überlastet ist, und Sie vermutlich Ihre Fahrzeuge nicht fristgerecht oder nur hastig »zusammengebastelt« bekommen.

Dritte Wertungsphase: Überprüfung ungewöhnlich niedriger Angebote, Angemessenheit der Preise

»Auf Angebote, deren Preis in offensichtlichem Missverhältnis zu der zu erbringenden Leistung steht, darf der Zuschlag nicht erteilt werden« (§ 25, Nr. 2, Abs. 3 VOL/A). Ein offenbares Missverhältnis zwischen Preis und Leistung ist (nur) dann anzunehmen, wenn der Preis im Vergleich mit Erfahrungswerten und anderen Angeboten so grob abweicht, dass er sofort ins Auge fällt. Ein beträchtlicher Preisunterschied zu den anderen Geboten ist für sich genommen jedoch noch kein hinreichendes Ausschlusskriterium. Denkbar ist auch, dass die oder das höhere Angebot überhöht ist. Erst wenn objektive Hinweise darauf vorliegen, dass das Angebot unterkalkuliert ist, ist es auszuschließen.

Hintergrund dieser Regel ist dass hohe Risiko, dass die Vertragsparteien bei einem offensichtlich erheblich unterkalkulierten Auftrag eingehen. Der Auftraggeber bekommt seine Lieferung nicht oder nicht in der gewünschten Qualität oder Leistungszeit. Den Auftragnehmer kann ein solcher Auftrag unter Umständen die wirtschaftliche Existenz kosten! Erteilt der Auftraggeber den Zuschlag auf ein offenkundig unterkalkuliertes Angebot, können ihm spätere Ansprüche gegen den Auftragnehmer versagt werden, weil er grob fahrlässig gehandelt hat. Wenn erhebliche Kalkulationsfehler zu vermuten sind, macht er sich unter Umständen schadenersatzpflichtig! Auch werden Garantieforderungen etc. später nur schwer durchzusetzen sein. Diese Regelung dient also auch dem eigenen Schutz.

Losgelöst von der juristischen Betrachtung wäre ein solches Verhalten in hohem Maße unfair und »risikofreudig« (um nicht zu sagen dumm). Besonders als Vertreter öffentlicher Auftraggeber, die mit Ihnen anvertrauten Steuergeldern oder Versicherungsbeiträgen eine Aufgabe zu erfüllen haben, müssen wir uns verantwortungsbewusst verhalten. Es geht hier nicht um die Schnäppchenjagd im Restpostenmarkt!

Angebote mit ungewöhnlich niedrigen Preisen

Die Wertungsphase wird in zwei Schritte geteilt: Zuerst werden Angebote mit ungewöhnlich niedrigen Preisen geprüft. Im § 25 Ziffer 2 Absatz 2 der VOL/A heißt es: »Erscheinen Angebote im Verhältnis zu der zu erbringenden Leistung ungewöhnlich niedrig, so überprüft der Auftraggeber vor der Vergabe des Auftrages die Einzelposten dieser Angebote. Zu diesem Zweck verlangt er vom Bieter die erforderlichen Belege. Der Auftraggeber berücksichtigt bei der Vergabe das Ergebnis dieser Überprüfung«.

Der öffentliche Auftraggeber hat hier kein Ermessen. Scheinen Preis und Leistung in offensichtlichem Missverhältnis zu stehen, auch wenn die Preise völlig wirklichkeitsfremd erscheinen, muss der öffentliche Auftraggeber Aufklärung an Hand der Kalkulationsunterlagen verlangen! Der Bieter muss hier nicht mitwirken. Allerdings kann die mangelnde Mitwirkung des Bieters zum Ausschluss führen, wenn ohne seine Mitwirkung der Verdacht nicht ausgeräumt werden kann.

Vierte Phase, Auswahl des wirtschaftlichsten Angebotes

Hier setzen wir uns nun endlich mit dem Inhalt der Angebote auseinander! Möglicherweise sind im Vorfeld schon Angebote ausgeschieden, sodass die Arbeit schon ein wenig weniger wird. Ziel ist es, aus den verbleibenden Angeboten das jenige auszuwählen, welches unter Berücksichtigung aller Aspekte das beste Preis-Leistungs-Verhältnis bietet – also das wirtschaftlichste Angebot. Das wirtschaftlichste Gebot ist das Gebot, bei welchem das günstigste Verhältnis zwischen der gewünschten Leistung und dem angebotenen Preis erzielt wird.

In § 25 Nr. 3 Satz 2 heißt es ausdrücklich, dass »der niedrigste Angebotspreis allein nicht entscheidend« ist.

Es dürfen nur die Inhalte bewertet werden, die bei der Ausschreibung explizit gefordert wurden. So darf etwa das Design nicht in die Bewertung einbezogen werden, wenn hierzu keine Forderungen gestellt wurden und es nicht als Bewertungskriterium genannt wurde. Nehmen Sie sich nun also Leistungsbeschreibung und Angebote vor, und prüfen Sie welche Forderungen der Bieter in welchem Ausmaß erfüllt hat. Auch hier bietet es sich an, wieder eine Matrix zu erstellen.

Um die Bewertung zu erleichtern können für die Ausprägung der Leistungserbringung Punkte vergeben werden. Gerade bei umfangreichen Leistungsbeschreibungen scheint dies sinnvoll, ist jedoch nicht unumstritten. Möglich sind auch monetäre Auf- oder Abschläge für die Ausprägung eines bestimmten Leistungsmerkmales. Dazu ein einfaches Beispiel:
Ein angebotenes Basisfahrzeug hat ein Motorölwechselintervall von 10 000 Kilometern, das Fahrzeug eines Mitbewerbers ein Intervall von 30 000 Kilometern, erfordert jedoch ein teureres Motoröl. Der Unterschied lässt sich relativ einfach in Geld bewerten. Dabei ist auch der Aufwand für den Austausch des Fahrzeuges gegen ein Reservefahrzeug und der Aufwand für dieses Fahrzeug zu bewerten. Hierzu können in einer Modellrechnung beispielsweise die Kosten eines Leihfahrzeuges herangezogen werden.

In anderen Fällen ist eine finanzielle Bewertung schwieriger. Aber sagen Sie (und diskutieren Sie) doch einfach einmal, wie viel Ihnen zum Beispiel ein ergonomischerer Arbeitsplatz Wert ist! Dies ist durchaus eine Methode, der Wahrheit näher zu kommen. Eine solche monetäre Bewertung führt zu spannenden Ergebnissen! Sie ist relativ schwierig, jedoch möglicherweise aussagefähiger und eindeutiger als eine Punktmatrix. Gestalterische oder funktionsbedingte Gesichtspunkte sollten ebenfalls bedacht werden »Wer hat die funktionsgerechteste Lösung?« »Killerkriterien« sollten besonders, beispielsweise in fetter Schrift gekennzeichnet werden. Denkbar ist außerdem eine Bewertung mit Auf- oder Abschlägen: Standard (zum Beispiel Normforderung) erfüllt = 1 Punkt, besser als der Standard = 2 Punkte, schlechter als der Standard, Anforderung nicht erfüllt = 0 Punkte, Ausschlusskriterium = 0 Punkte (fett). Auf diese Weise behält man auch in umfangreichen Leistungsbeschreibungen den Überblick. Auf der Basis objektiv nachprüfbarer Kriterien ist der heimliche Favorit möglicherweise auf einmal gar nicht mehr der Favorit.

Umweltfreundliche Beschaffungen können besondere Berücksichtigung finden. Allerdings soll die Beschaffungsstelle auch hier von vorneherein klarstellen, welche Kriterien hier gemessen werden sollen. Beinahe selbstverständlich sind Kriterien wie die Schadstoffemission von Kraftfahrzeugen. Andere Umweltschutzkriterien sind ebenfalls nur dann zulässig, wenn sie ausdrücklich in der Leistungsbeschreibung vorgegeben werden. Die Vergabestellen entscheiden hier nach pflichtgemäßem Ermessen, in welcher Höhe gegebenenfalls ein Mehrpreis tragbar erscheint.

Bei Leistungen, von denen Sie nicht sicher wissen, dass der Bieter sie zufrieden stellend erfüllen kann, lassen Sie sich Musterlösungen zeigen. Lassen Sie sich vorführen, wie der Bieter die Sauerstofflaschen oder Pressluftatmer unfallsicher befestigen will, wie Krankentrage, Stromerzeuger oder tragbare Leitern zu entnehmen sind. Es müssen ja nicht alle verlangten Leistungen am gleichen Fahrzeug gezeigt werden. Auch hier bietet sich wieder die bereits erwähnte Lieferantenbewertung vor Ort an.

Lieferantenbewertung vor Ort

Lieferantenbesuche sind bei einer Reihe von Beschaffern recht beliebt. Jedoch ist das Ergebnis eher mager: »Der hat einen guten Eindruck gemacht« oder »Das hat mir aber gar nicht gefallen«. Auftragnehmer verstehen es ganz geschickt, derartige Besuche zu steuern. Einer ausführlichen Begrüßung mit Frühstück (»oder wollen Sie nicht lieber schon am Vorabend anreisen, dann haben wir ein wenig mehr Zeit für Sie…«) folgt ein nettes Gespräch mit der Geschäftsleitung, ein Werksrundgang, eine eindrucksvolle Vorführung und ein opulentes Mittagessen. Von anderen Dingen wollen wir hier nicht reden. Nach dem Essen ist der Kunde schon ein wenig schläfrig. Ehe Sie sich versehen, sind Sie wieder auf der Heimreise und haben eigentlich gar nicht so viel von dem gesehen, was Sie sehen wollten. Aber nett war es! Das ist aus Sicht des Bieters legitim. Schließlich kämpft er um einen interessanten Auftrag und der Kunde soll sich – bitte sehr – wohlfühlen.

Es geht auch anders, ohne gleich ungemütlich zu werden! Bei der Prüfung der Angebote rein nach Aktenlage und nach vorgelegten Musterstücken sind mit hoher Wahrscheinlichkeit Fragen aufgetreten, die Sie allein am Schreibtisch nicht beantworten können. Dies betrifft die Eignungsprüfung (zweite Wertungsphase), also die Fragen nach Fachkunde, Leistungsfähigkeit und Zuverlässigkeit, aber auch die Prüfung der Angebote nach ihrem sachlichen Gehalt. Also einerseits die Fragestellung »Was habe ich von dem Bieter zu halten?« und andererseits »Welches Produkt wird mir angeboten?«. Sie können den Bieter dazu zu einem Aufklärungsgespräch einladen. Ich glaube jedoch am liebsten, was ich mit eigenen Augen gesehen habe! Auch wenn sich der Bieter auf Ihren Besuch vorbereitet – was wir auch hoffen wollen – kann er sich doch nicht völlig verstecken.

Und Sie haben wieder alle Ihre Fragen in einer Tabelle aufgelistet (Bild 18). Dies schön systematisch geordnet, eventuell auch danach, welche Fragen Sie am Besprechungstisch klären wollen und welche bei einem Rundgang. Und dieses Mal haben Sie ein neues System zur Bewertung, abgeschaut bei der Industrie. Hinter der Spalte mit den Fragen gibt es drei weitere Spalten:

1. = Gibt es eine plausible Antwort?
2. = Gibt es schriftliche Belege?
3. = Kann man sich die Antwort ansehen/anfassen?

Beispiel 1: Sie wollen wissen, wie die Qualitätssicherung des Bieters funktioniert. Es gibt eine plausible Antwort: »Die in Frage kommenden Betriebsteile sind nach DIN ISO 9001 zertifiziert.« Man zeigt Ihnen ein gültiges und für Betriebsteil sowie Produkt zutreffendes Zertifikat. Es gibt eine Kundenausgabe des Qualitätshandbuches. Auf einem Rundgang sehen Sie Betriebsanweisungen und Aushänge, Arbeitskräfte können Ihnen auch zeigen, wie Sie nach der Qualitätsnorm bzw. der Betriebsanweisung zu verfahren haben (= drei Punkte).

Beispiel 2: Es wird eine elektrische ausfahrbare Trittstufe angeboten, die Sie nicht kennen. Auf Nachfrage gibt es auch eine Beschreibung und eine Zeichnung, jedoch kein Muster (= zwei Punkte).

Beispiel 3: Es wird Ihnen eine Lackierung in Tagesleuchtfarbe (RAL 3024) angeboten. Man erläutert Ihnen »Darin haben wir große Erfahrungen ... ein qualifizierter Fachbetrieb in der Nähe ...«, kann Ihnen jedoch keine Dokumentation wie beispielsweise eine Arbeitsanweisung für den Lackaufbau zeigen. Ein vorgestelltes Muster ist nicht handwerksgerecht ausgeführt (= null Punkte).

Spielen Sie ruhig mit offenen Karten! Der Bieter soll wissen welches Ergebnis die Bewertung hat. Kopieren Sie noch vor Ort Ihre Liste und besprechen Sie das Ergebnis mit dem Bieter. Zu Hause arbeiten Sie das Ergebnis in Ihre Bewertung ein. Nun können Sie eine qualifizierte inhaltliche Bewertung des Angebotes vornehmen und ein fundiertes Urteil abgeben.

Nach Abschluss dieses Audits sollten Sie alle offenen Fragen geklärt haben. Alle Ergebnisse sind in einer oder mehreren Tabellen zusammengefasst. Aufgabe ist es nun, unter Beachtung des Grundsatzes der Wirtschaftlichkeit und Sparsamkeit das *wirtschaftlichste Angebot* auszuwählen.

Zu berücksichtigen sind alle Kosten über die erwartete Lebensdauer des Produktes. Dies können sein: erwartete längere Lebensdauer als beim Mitbewerber, Wartungs- und Reparaturkosten, Häufigkeit der Wartung, Kraftstoffver-

1.	***Eignung des Bieters***	
1.1	***Fachkunde***	
	Besitzt der Bieter die erforderlichen Kenntnisse? (ggfs. weiter differenzieren)	
	Konstruktionsleistung	
	Projektmanagement	
	Qualitätssicherung	
	mechanische Fertigung	
	Elektrotechnik, Elektronik	
	Hydraulik	
	...	
	Besitzt der Bieter die erforderliche Erfahrung? (ggfs. differenzieren)	
	(hier ggfs. offene Fragen aus der Prüfung der Referenzen klären)	
	Besitzt der Bieter die erforderlichen Fertigkeiten?	
	Beispiele und Muster besichtigen	
	Fertigungseinrichtungen, Tischlerei, Schweißerei, Lackiererei...	
	Lager	
	Konstruktionsbüro etc.	
	...	
1.2	***Leistungsfähigkeit***	
	s. o., Betriebsgröße, Zahl der Mitarbeiter, Ausweichmöglichkeiten	
1.3	***Zuverlässigkeit***	
	Prüfung nach Aktenlage, ggfs Prüfen offener Fragen, Widersprüche aufklären	
2.	***Prüfung des Angebotes***	
2.1	***angebotene Lösungen (Beispiele)***	
	elektrische Trittstufe	
	Umfeldbeleuchtung	
	Außenstaufächer	
	Mustersitze	
	Lackierung	
	...	
2.2	***Qualitätssicherung, Vermeidung bisheriger Probleme***	
	ortsnahe Servicewerkstatt	
	Dichtigkeit Schiebefenster	
	Lackierung	
	gerissene Schweißnähte	
	...	
2.3	***Normkonformität, Prüfungen***	
	Innengeräuschpegel	
	Festigkeitsprüfung, Crashtest	
	Nachweis Beförderungskomfort	
	...	
	Summen	
	mögliche Punktzahl:	

Bild 18: Beispieltabelle für die Lieferantenbewertung vor Ort

	schlüssige Antwort	Dokumente	Muster, Beispiele	Bemerkung
				Garantieverlängerung
				Konstruktion überarbeitet
				nach Fertigstellung Serienvorläufer

brauch u. a. Sie haben natürlich bereits in der Planung Lebenslaufakten älterer Fahrzeuge herangezogen und in der Leistungsbeschreibung entsprechende Fragen formuliert. Berücksichtigt werden muss auch, ob es eine ortsansässige Servicewerkstatt des Auftraggebers gibt oder für Reparaturen (auch zeit-)aufwändige Überführungsfahrten erforderlich werden. Ausfallzeiten für Wartung und Instandsetzung gehen in die Kosten für die Reservefahrzeugvorhaltung ein. Bei einem Dutzend Rettungswagen, wie in unserem Beispiel, spielt es schon eine erhebliche Rolle, ob ein oder zwei Reservefahrzeuge erforderlich werden oder ob das Wartungsintervall 15 000 oder 25 000 Kilometer beträgt.

Berücksichtigt werden müssen weiter Preisnachlässe oder Skonti, etwaige Preisgleitklauseln sowie die übrigen Zahlungsbedingungen. Bei der Bewertung von Skonti ist jedoch auch zu berücksichtigen, ob bei der Inanspruchnahme genügend Zeit für eine ordentliche Rechnungsprüfung und die Abwicklung des Zahlungsverkehrs bleibt. So kann eine Frist von sieben Tagen nach Leistungsabnahme für eine sorgfältige sachliche und rechnerische Rechnungsprüfung, den Lauf innerhalb Ihres Hauses und die Abwicklung der Zahlungsanweisung zu knapp bemessen sein. Trifft dies zu, kann das Skonto nicht bewertet werden.

Haben Sie sich die Mühe gemacht, mit Auf- oder Abschlägen zu arbeiten, steht nun in der Matrix unter jedem Angebot eine (fiktive) Summe. Sie brauchen nur noch abzulesen. Ich habe jedoch Zweifel, ob sich ein solch umfangreiches und komplexes Angebot in der beschriebenen Form, mit vertretbarem Aufwand monetär bewerten lässt. Jedoch lässt eine sorgfältig erstellte (!) Punktmatrix durchaus einen Schluss auf das wirtschaftlichste Angebot zu.

Wertung von Nebenangeboten oder Änderungsvorschlägen

Ein Sonderfahrzeug für die Feuerwehr oder den Rettungsdienst ist ein komplexes Produkt. Wohl niemand wird von sich behaupten können, er sei in der Lage dieses Produkt wirklich erschöpfend und besser als jeder andere zu beschreiben. Viele Ausschreibungsstellen lassen daher Nebenangebote und Änderungsvorschläge zu oder fordern ausdrücklich dazu auf. *Änderungsvorschläge* betreffen die Änderung einzelner Leistungsteile. *Nebenangebote* ändern den gesamten Leistungsinhalt oder wesentliche Abschnitte davon.

Nach § 25 Nr. 4 VOL/A sind Nebenangebote und Änderungsvorschläge, die der Auftraggeber ausdrücklich gewünscht oder zugelassen hat, ebenso zu werten wie das Hauptangebot. Für sie gelten die gleichen Regeln. Hat der Auftraggeber ausdrücklich zu derartigen Angeboten aufgefordert, muss er Sie auch gleich dem Hauptangebot bewerten. Hat der Auftraggeber Nebenangebote zugelassen oder nicht ausdrücklich ausgeschlossen, ist er gegenüber dem Bieter nicht verpflichtet sie zu bewerten. Zur Berücksichtigung des Wirtschaftlichkeitsgebotes sollten derartige Angebote gleichwohl geprüft werden.

6.1.3 Vermerk über die Zuschlagserteilung

Paragraf 25 Satz 5 VOL/A bestimmt: »Die Gründe für die Zuschlagserteilung sind in den Akten zu vermerken«. Mit den Tabellen und Vermerken über die vier Phasen der Angebotsbewertung einschließlich der Prüfung von Referenzen, der Lieferantenbewertung vor Ort und der Prüfung eventueller Änderungsvorschläge und Nebenangebote haben Sie eine nachvollziehbare Dokumentation des Prüfvorganges geschaffen. Mit dem *Vergabevermerk* schreiben Sie nun eine Zusammenfassung der Bewertung und begründen nachvollziehbar, an welchen Bieter und auf welches Angebot der Zuschlag erteilt werden sollte. Dieser Vermerk sollte mit den übrigen Unterlagen zusammengefasst werden. Es muss aufgrund der Aufzeichnungen nachprüfbar sein, welche Gründe zur Vergabeentscheidung geführt haben. Die Vorschrift zwingt den verantwortlichen »Bediensteten«, sich über die Gründe seiner Entscheidung klar zu werden. Sie schützt ihn aber auch, da auch nach längerer Zeit nachgewiesen werden kann, welche Gründe zu der Entscheidung geführt haben. Fehlt eine ausreichende Dokumentation, kann dies als Pflichtverletzung gesehen werden.

6.1.4 Andere oder weitergehende Anforderungen

»Vergabefremde Kriterien« sind insbesondere nach dem Gesetz gegen Wettbewerbsbeschränkungen (GWB) umstritten. Hierunter fällt die Bindung der Vergabe öffentlicher Aufträge an frauenfördernde Maßnahmen, Lehrlingsausbildung, Tariftreueerklärungen, Erklärungen zum Umweltschutz, Benutzung von Verkehrsmitteln des Auftraggebers (der Deutschen Bahn) sowie der Ausschluss bestimmter Bewerbergruppen, wie Scientology oder die Förderung ortsansässiger Unternehmen. Bei der Prüfung der Zulässigkeit derartiger Kriterien wird es darauf ankommen, ob es sich um Anforderungen an die Eignung des Bieters oder im Hinblick auf den Auftrag handelt. Als Techniker berührt uns dieses Problem nur am Rande. Bei der Auseinandersetzung damit werden Sie auf einen guten Kommentar und den Rat von Fachleuten angewiesen sein. In der Regel werden derartige »vergabefremde Kriterien« von höherer Stelle vorgeschrieben. Wir nehmen dies erst einmal pflichtgemäß so hin, sollten jedoch wissen, dass es hier im Einzelfall durchaus zu Auseinandersetzungen kommen kann. Dies haben dann jedoch nicht wir zu vertreten.

6.2 Aufhebung der Ausschreibung

Ein ausgesprochen unangenehmes Kapitel! Die Aufhebung einer Ausschreibung führt unweigerlich zu erheblichen Zeitverzögerungen und anderen Verwerfungen. Nach § 26 VOL/A kann eine Ausschreibung aufgehoben werden, wenn

- kein Angebot eingegangen ist, das den Ausschreibungsbedingungen nach Ihrer Bewertung entspricht;
- sich die Grundlagen der Ausschreibung erheblich geändert haben;
- die Ausschreibung kein wirtschaftliches Ergebnis gehabt hat;
- andere schwerwiegende Gründe bestehen.

Wenn dic Ausschreibung in Losen vorgesehen ist oder Nebenangebote und Änderungsvorschläge nicht ausgeschlossen wurden, kann die Ausschreibung auch teilweise aufgehoben werden, wenn das wirtschaftlichste Angebot den ausgeschriebenen Bedarf nicht voll deckt oder schwerwiegende Gründe der Vergabe der Leistung an einen Bieter entgegenstehen. Die Bieter sind von der Aufhebung der Ausschreibung unverzüglich zu benachrichtigen. Auch hier sind Sie an Ihre Dokumentationspflicht gebunden. Sie werden wiederum den Rat Ihres Kommentars und Ihrer Verwaltungsfachleute brauchen.

Unter Umständen ist der Fall auch nicht ganz so schlimm wie befürchtet, denn die Aufhebung einer Ausschreibung kann Ihnen auch die Tür zu einer freihändigen Vergabe öffnen. Die freihändige Vergabe gestattet es, im Verhandlungsweg mit nur geringem Zeitverlust mit den Bietern der vorher aufgehobenen Ausschreibung einen vernünftigen Vertrag auszuhandeln. Dies ist möglicherweise das für alle Verfahrensbeteiligten sinnvollste Verfahren. So steht dem Aufwand für die Ausschreibung auch nach dem Scheitern dann doch noch ein vertretbares Ergebnis gegenüber. Dabei sind unbedingt die Grundsätze eines fairen Verfahrens zu beachten. Der Vertrag sollte mit dem Bieter geschlossen werden, der ohne Aufhebung den Zuschlag erhalten hätte.

6.3 Nicht berücksichtigte Angebote

Der § 27a der VOL/A (Nicht berücksichtigte Bewerbungen und Angebote) hat unlängst eine neue Fassung erhalten, die nicht eben zur Beschleunigung und Vereinfachung des Verfahrens beiträgt:

»1. Der Auftragnehmer teilt innerhalb von 15 Tagen nach Eingang eines entsprechenden Antrages den nicht berücksichtigten Bewerbern oder Bietern die Gründe für die Ablehnung ihrer Bewerbung oder Ihres Angebotes und den Bietern die ein ordnungsgemäßes Angebot eingereicht haben, auch die Merkmale und Vorteile des erfolgreichen Angebotes und den Namen des erfolgreichen Bieters mit.

2. Der Auftraggeber kann die in Nummer 1 genannte Information zurückhalten, wenn die Weitergabe den Gesetzesvollzug vereiteln würde oder sonst nicht im öffentlichen Interesse läge oder die berechtigten Geschäftsinteressen von Unternehmen oder den fairen Wettbewerb beeinträchtigen würde.«

Besonders der erste Absatz des Paragrafen birgt einigen Zündstoff! Sollten wir uns im Vorfeld einige »Ungenauigkeiten« geleistet haben und treffen auf einen streitbaren unterlegenen Bieter, kann dieser uns ganz schön zu schaffen machen! Das Verfahren könnte gekippt werden und auf jeden Fall fliegt uns unsere Zeitplanung um die Ohren. MS Project ist da geduldig. Ob es Ihr Chef auch ist, wird sich dann zeigen. Schauen wir, was dahinter steckt:

Sinn der Vorschrift ist es, öffentliche Vergabeverfahren auf europäischer Ebene transparenter zu gestalten und ein faires Verfahren sicherzustellen. Warum es diese Bestrebungen gibt, ist für den aufmerksamen Beobachter und Zeitungsleser unschwer nachzuvollziehen.

Der Auftraggeber ist also verpflichtet,

1. den beantragenden und nicht berücksichtigten Bietern die Ablehnungsgründe des jeweiligen Angebotes mitzuteilen und
2. den Bietern, die ein ordnungsgemäßes Angebot vorgelegt haben, auch die Merkmale und Vorteile des erfolgreichen Angebotes und den Namen des erfolgreichen Bieters mitzuteilen.

Dies setzt jedoch voraus, dass ein ordnungsgemäßes Angebot, d. h. ein Angebot, welches inhaltlich und formell fehlerfrei ist, vorliegt. Anderenfalls ist die Mitteilungspflicht auf die Ausschlussgründe beschränkt. Hier erinnere ich noch einmal an das vorgeschlagene, mehrstufige Prüfungsverfahren.

Hinsichtlich des Mitteilungsumfanges sind keine Regeln enthalten. Es ist abzuwägen zwischen dem Interesse des unterlegenen Bieters, zu erfahren warum er nicht zum Zuge gekommen ist und dem Interesse des potenziellen Auftragnehmers. Nach § 22 Nr. 6 der VOL/A sind die Angebote vertraulich zu behandeln. Dies gilt auch in diesem Fall. Handelt es ich bei dem Mitteilungsempfänger um einen Bewerber, d. h. um jemanden der kein ordnungsgemäßes Angebot vorgelegt hat, beschränkt sich die Mitteilung darauf, dass der Bewerber aus formalen Gründen oder wegen mangelnder Fachkunde, Leistungsfähigkeit sowie Zuverlässigkeit (mangelnder Eignung) ausgeschieden ist. Handelt es sich um einen Bieter (ordnungsgemäßes Angebot) sind ihm die Ablehnungsgründe in kurzer Form anzugeben. Hier empfiehlt es sich, sich an die Reihenfolge der Prüfung (§ 25 VOL/A) und die vorgeschlagene Prüfmatrix zu halten. Hierzu können zum Beispiel auch die knappen Formulierungen des § 25 Nr. 1 Abs. 1 und 2 usw. verwendet werden. Bei der Mitteilung, aus welchen Gründen der erfolgreiche Bieter ausgewählt wurde, geht es um die positiven Eigenschaften des erfolgreichen Angebotes, also des Angebots, das unter Berücksichtigung aller Umstände als das wirtschaftlichste erscheint. Hier kann man sich an den Beispielen des § 27 orientieren (preisliche, technische, funktionsbedingte etc.), aber auch an den Eignungskriterien (Fachkunde, Leistungsfähigkeit und Zuverlässigkeit). Empfohlen wird ein Standardschreiben, in das die im Einzelfall tragenden Gründe (Beispiel preisliche Gründe, Eignungskriterien) kurz eingetragen werden.

6.4 Bekanntmachung der Auftragserteilung

Nach erfolgter Vergabe haben die Vergabestellen innerhalb von 48 Tagen nach Auftragsvergabe der zuständigen EU-Behörde grundsätzlich mit einem Musterschreiben Mitteilung zu machen. Dies ist für uns Techniker weniger von Bedeutung.

6.5 Festsetzen des Lieferzeitpunktes

Im Rahmen des mehrstufigen Prüfungsverfahrens hatte ich Ihnen eine Lieferantenbewertung vor Ort vorgeschlagen. Diese Lieferantenbewertung wird regelhaft bei etwa ein bis drei verbleibenden Favoriten durchzuführen sein. Nehmen Sie die Gelegenheit ruhig wahr. Auch seit Ihrem letzten Auftrag vor einem Jahr kann sich einiges verändert haben, das Sie nachdenklich macht!

Vorausgesetzt, nach der Lieferantenbewertung ist Ihr Favorit immer noch Ihr Favorit, sprechen Sie über einen Lieferzeitplan. Zur Feststellung der Leistungsfähigkeit gehört auch die Frage, wann der Bieter konkret liefern kann. Also stimmen Sie sich mit dem Bieter für den Fall der Auftragserteilung über einen möglichen Lieferzeitplan ab. Unter Umständen kann dies Ihre Vergabeentscheidung beeinflussen.

Hüten Sie sich jedoch davor, den Bieter allzu sehr unter Druck zu setzen! Die Termine sollten unbedingt vom Bieter genannt und nicht von Ihnen vorgegeben werden. Es kommt immer etwas dazwischen und Sie wollen den schwarzen Peter doch nicht selbst haben! Zeitpläne sollen gehalten werden können. Es macht wenig Sinn, sich die Welt schön zu reden und potemkinsche Dörfer zu bauen. Auch wenn es Ihnen nicht schmeckt, ein geplatzter Zeitplan ist jedenfalls schlimmer!

Nach Ihrer abschließenden Bewertung und Vergabeentscheidung schreiben Sie nun in Ihren Auftrag den besprochenen Lieferzeitplan und machen ihn zum Auftragsbestandteil. Wichtig ist dabei, dass jeweils ein konkretes, im Kalender ablesbares Datum genannt ist. Also nicht »Lieferung des ersten Fahrzeuges acht Wochen nach Auftragserteilung/Zugang des Fahrgestells«, sondern zum Beispiel »Lieferung am 28. Mai 2004.« Diese unzweideutige Formulierung ist eine Voraussetzung, um eine Vertragsstrafe geltend zu machen. Dies wissen übrigens auch die Auftragnehmer und werden es berücksichtigen! Die spätere Festsetzung von Lieferterminen kann zu vermeidbaren Diskussionen führen. Wirkungsvoller und eindeutiger ist es, wenn der Auftragnehmer genau diesen Auftrag akzeptiert hat.

Sie haben nun einen ganz wesentlichen und zeitraubenden, wenn auch abstrakten und weitgehend unsichtbaren Teil Ihrer Projektarbeit geleistet. Im nächsten Kapitel wird es sich zeigen, ob die Vorbereitungen für den Bau der Fahrzeuge sorgfältig genug waren! Die Planungsarbeiten, der Weg durch das Vergaberecht und die übrigen Vorarbeiten waren lang und mühselig. Jedoch ist alles, was Sie hier versäumen nun nur noch schwierig zu heilen. Und alle nachträglichen Reparaturversuche sind mit einem unverhältnismäßig höheren Arbeitsaufwand verbunden! Mit der Auftragserteilung endet dieses Kapitel.

7 Der Auftrag

7.1 Auftragsabwicklung

7.1.1 Auftragsübergabe, erste Baubesprechung

Die erste wichtige Tätigkeit in diesem Teil des Projektes ist die erste Baubesprechung. Was gebaut werden soll, steht in der Leistungsbeschreibung. Hier geht es darum, wie es geschehen soll. Sinnvoll ist es, die erste Baubesprechung mit der offiziellen Auftragsübergabe zu verbinden, insbesondere wenn es sich nicht um ein Standardfahrzeug handelt. Die Besprechung sollte beim Auftragnehmer/Hauptauftragnehmer stattfinden. Dies wird in der Regel der Aufbauhersteller sein, da er den größten Anteil handwerklicher, individueller Leistung erbringt. Und Sie sollten, besonders bei größeren Aufträgen, einmal alle Auftragnehmer und wichtigen Zulieferer an einen Tisch setzen.

Übergeben Sie den Auftrag zu Beginn der Besprechung mit ein paar netten Worten. Der Auftragnehmer wird sich freuen und alles zum Gelingen der Veranstaltung beitragen. Wer freut sich denn nicht über einen schönen Auftrag?! Findet die Baubesprechung dort statt, wo Ihre Fahrzeuge gebaut werden sollen, können Sie sofort und vor Ort auftauchende Detailfragen klären. Dazu ist es oft notwendig einmal kurz in die Fertigung zu gehen, Teile zu bemustern oder mit Spezialisten zu sprechen. Diese Möglichkeiten haben Sie in Ihrem Hause nicht oder nur mit unverhältnismäßigem Aufwand.

Haben Sie nur einen Generalunternehmer, haben Sie relativ leichtes, wenn auch teureres Spiel. Der Koordinationsaufwand und die Verantwortung für den geordneten Projektablauf sinken für Sie deutlich. Wenn Sie sich allerdings die Mühe machen, alle wesentlichen Komponenten selbst zu beschaffen und beizustellen, können Sie nach meinen Erfahrungen leicht schon einmal bis zu 20 % der Auftragssumme sparen. Koordinationsaufwand, Lagerhaltung und Kapitalkosten wollen schließlich auch bezahlt sein. Und schließlich lebt ein Unternehmen davon, dass es mit seiner Arbeit Gewinne erzielt!

Wir gehen hier davon aus, dass Sie sich die Arbeit machen, das Projekt weitgehend selbst zu koordinieren, Beladung und andere Teile zum Einbau beizustellen und vorhandene, verwendungsfähige Teile auch wiederzuverwenden. Teure Medizinprodukte oder auch hydraulische Rettungsgeräte und Schlauchmaterial müssen ja nicht immer und unbedingt mit jedem Fahrzeug neu beschafft werden. Verbrauchsgüter in der Beladung haben Sie zu Hause sehr wahrscheinlich günstiger. Hier bietet sich eine gute Gelegenheit, Ihre Projektkosten zu steuern! Eventuell kann ja auch schon einmal einiges zwischen Betriebshaushalt und Investitionshaushalt hin- und hergeschoben werden.

Zurück zur Baubesprechung! Zunächst ein paar grundlegende »Spielregeln«:

Wer das Protokoll schreibt, bestimmt was darin steht! Lassen Sie die Arbeit ruhig den Auftragnehmer machen. Aber verlassen Sie nicht das Feld ohne die endgültig abgestimmte und beiderseits unterschriebene Fassung des Protokolls in der Hand zu halten! Wird das Protokoll in Ihrer Abwesenheit geschrieben und versandt, möglicherweise gleich an alle Beteiligten, sind Ihre Änderungswünsche nur noch schwer umzusetzen.

Absprachen werden nur zwischen den namentlich benannten Projektbeauftragten der handelnden Parteien getroffen. Alle Absprachen bedürfen der schriftlichen Bestätigung. (Protokoll, Aktennotizen, etc.) Dies ist kein Misstrauen. Jeder kann sich einmal ein Bein brechen oder anderweitig eine Weile ausfallen. Auch Personalwechsel sind auf beiden Seiten möglich. Und nach vielen, vielen Absprachen, möglicherweise in mehreren Projekten, wird niemand mehr jede Absprache sicher im Kopf haben. Beweisen können Sie ohnehin nichts, wenn Sie nicht ein gegenseitig abgezeichnetes Stück Papier vorweisen können! Wenn dann noch unterschiedliche, ganz wichtige Leute mitreden und Absprachen treffen, ist ein Projekt nicht mehr zu kontrollieren.

Änderungen des Leistungsumfanges während der Auftragsabwicklung sind grundsätzlich verboten! Sie haben eine definierte Leistung ausgeschrieben und vergeben. Wesentliche Änderungen sind ein Verstoß gegen das Vergaberecht. Möglicherweise würden Sie sich dem Vorwurf der Mauschelei oder schlimmerem Aussetzen. Darüber hinaus werfen Sie Ihren sorgfältig geplanten Projektablauf zeitlich und kostenmäßig aus dem Rahmen. In Ihrem Hause hatte ja hoffentlich jeder Gelegenheit sich zu dem Projekt zu äußern und seine Forderungen einzubringen. Sicherlich sind diese Forderungen auch miteinander abgestimmt und geklärt worden, ob dies so umgesetzt wird. Wenn nicht – Hausaufgaben nicht erledigt! Außerdem hat der Auftragnehmer ein verbindliches Angebot abgegeben. Wünscht er Änderungen, sollte er schon sehr gute Argumente haben. Jedoch – niemand wird ein solch komplexes Produkt wie ein Sonderfahrzeug für die Feuerwehr oder den Rettungsdienst ohne jede Änderung der Planung bauen können. Aber jetzt, bei der Baubesprechung, wird sich zeigen, wie gründlich Ihre Planung war. Alles was jetzt geändert werden muss, macht Ihnen deutlich mehr Arbeit und möglicherweise Kosten, als wenn Sie gleich sauber geplant hätten. Dem Auftragnehmer liefern Sie gute Argumente, um Lieferverzögerungen zu begründen. Also – wenn es irgend geht – hüten Sie sich vor Änderungen und überlegen Sie sich sehr genau, ob die Änderung wirklich notwendig ist! Je weiter das Projekt fortschreitet, umso schwieriger, teurer und zeitraubender werden Änderungen.

Jede Änderung, die Mehrkosten verursacht, erfordert einen formellen Auftrag! Es werden vermutlich jedoch auch Änderungen auftauchen, die Minderkosten verursachen. Diese Leistungen gegeneinander aufzurechnen ist verboten! Es soll jedoch auch Projektmanager geben, die so etwas tun und über die Bauzeit hinweg, quasi in der Brieftasche eine Tabelle mit Mehr- und Minderleistungen und den zugehörigen Kosten führen. In vertretbarem Umfang wird dies wohl akzeptiert werden und niemandem auffallen. Tauchen allerdings auf einmal an Löschfahrzeugen Lichtmasten auf, die nicht ausgeschrieben waren oder fehlen auf einmal die Reserveräder, könnte es unangenehme Fragen geben. Gegebenenfalls ist es besser, Farbe zu bekennen und einen Zusatzauftrag auszulösen.

Auch wenn es ein wenig Nerven und Zeit kostet: Machen Sie sich die Mühe und gehen mit den Beteiligten jeden Punkt der Leistungsbeschreibung durch, um jedes mögliche Missverständnis auszuräumen. Hier können Sie gegenüber dem Auftragnehmer schon einmal Ihre Hartnäckigkeit und Gründlichkeit demonstrieren: Sind alle erforderlichen Beistellteile gelistet? Ist jedem bekannt, was er bis wann tun soll? Lassen Sie sich nicht schon jetzt wichtige Dinge abhandeln. Leistungsbeschreibung und Lieferfristen sind verbindlich. Bleiben Sie freundlich aber bestimmt – und eine vernünftige Baubesprechung ist nicht in einer Stunde erledigt! Ist der Auftragnehmer auf einmal nicht mehr in der Lage termingerecht zu liefern? Sie haben hoffentlich nicht nur verbindliche Lieferfristen, sondern auch Vertragsstrafen vereinbart! Sagen Sie dem Auftragnehmer ganz freundlich, dass er die Konsequenzen ja kenne. Sagen Sie ihm auch, dass Sie bei einem Verzug von mehr als sechs Wochen einen Rücktritt vom Auftrag prüfen müssen.

Jetzt werden die wesentlichen Nägel für die Bauphase eingeschlagen! Wenn Sie schon bei der ersten Baubesprechung großzügiges Entgegenkommen signalisieren, sind Sie Ihr Geld nicht wert. Denken Sie bitte daran, dass Sie nicht Ihr eigenes, sondern das Geld der Steuerzahler ausgeben und sich zu Hause rechtfertigen müssen, wenn Ihr Projekt nicht läuft. Harte Worte? Ich meine nein! Jeder am Tisch sollte wissen, wessen Interessen er zu vertreten hat. Die Auftragnehmer vertreten völlig legitim die Interessen Ihres Unternehmens und nicht die Ihrigen. Sie werden – genauso klar – die Interessen des öffentlichen Auftraggebers vertreten. Dabei kann man durchaus einen freundlichen und fairen Umgang pflegen. Auch dass dient der Sache und Ihren Nerven.

Sind am Ende Fragen offen, erfassen Sie diese Fragen in einer Tabelle und schreiben Sie dazu, wer die Frage bis wann klärt. Der Besprechungstermin endet, wenn die Parteien Ihre Unterschrift unter das Protokoll gesetzt haben! Auch das sollte man sich vor allem zu Beginn nicht abhandeln lassen.

7.1.2 Geschäftspartnerschaft

Gestatten Sie mir noch zwei Sätze zum Umgang von Geschäftspartnern miteinander. Eine Partnerschaft, auch eine Geschäftspartnerschaft, beruht auf einem fairen Interessenausgleich. Sie sollten sich nicht übervorteilen lassen, aber dies auch nicht bei Ihrem Geschäftspartner versuchen. Auch wenn Ihr Geschäftspartner möglicherweise in eine selbst gestellte Falle gelaufen ist, sollten Sie Ihn nicht bis auf den letzten Euro oder darüber hinaus »ausquetschen«. Eine tote Kuh kann man nicht melken! Die Zahl kompetenter Auftragnehmer in unserem kleinen Markt ist durchaus überschaubar. Versuchen Sie lieber sich einen erstklassigen Partner für weitere Aufträge zu erhalten oder heranzuziehen.

Jedoch, verbrüdern Sie sich nicht! Beide Partner sind zuerst Interessenvertreter, auch wenn dies durch einen freundlichen und fairen Umgang wesentlich erleichtert wird. Ich meine, Sie sollten innerlich die Krawatte umbehalten und trotz Freundlichkeit die nötige Distanz wahren. So fällt es leichter, auch unangenehme Dinge durchzusetzen. Auch für Außenstehende ist es leichter zu erkennen, wer auf welcher Seite steht. Eine Krawatte kann übrigens tatsächlich dabei helfen! Beobachten Sie auch daraufhin einmal Ihre Gesprächspartner.

Nun, nach der ersten wichtigen gemeinsamen Besprechung haben Sie sich ein gemeinsames Bier oder einen Schoppen Wein verdient. Es ist ohnehin zu spät, jetzt noch nach Hause zu fahren. Und wer hart arbeitet, darf auch einmal ein Glas zusammen trinken! Dies ist auch eine gute Gelegenheit, sich ein wenig kennen zu lernen, auch außerhalb des Protokolls etwas zu erfahren und die

Chancen für eine erfolgreiche Zusammenarbeit zu vertiefen. Bei der Gelegenheit: Erhaltene Mahlzeiten und eine kostenlos bereitgestellte Unterkunft werden Sie natürlich brav auf Ihrer Reisekostenabrechnung angeben. Andere Leute sind auch nicht dumm. Und Sie werden sich wegen der paar Euro ja nicht angreifbar machen wollen.

7.2 Bauüberwachung/Zwischenabnahmen

Sie werden nun zu tun haben, um Beladung und Beistellteile, wie zum Beispiel Funkanlage und andere Einbauteile bereitstellen zu lassen. Lassen Sie sich vom Projektbeauftragten des Auftragnehmers bestätigen, wann was eingetroffen ist. Werden alle Termine gehalten? Müssen Sie steuernd eingreifen?

Um sich von der handwerklichen Qualität des Rohbaus zu überzeugen, sollten Sie eine Rohbauabnahme vereinbaren. Dabei sollte das erste Fahrzeug ohne Wandverkleidungen und Isolierungen, jedoch mit allen Kabeln und Leitungen zu sehen sein. Sind Sie selbst nicht ausreichend kompetent, nehmen Sie einen Fachmann mit. Dies kann zum Beispiel der Leiter der Kraftfahrzeugwerkstatt sein (Kfz-Meister). Sehen Sie sich die Schweißnähte, die Kabelverlegung und die Kabeldurchführungen an. Stellen Sie bei allen Unklarheiten Fragen! Wer fragt, führt! Lernen Sie bei der Gelegenheit etwas über Fahrzeugbau. Selbstverständlich wird auch hierbei ein Protokoll geführt! Scheuen Sie sich nicht, Nachbesserungen zu verlangen. Schlimmstenfalls müssen Sie schon einmal die Abnahme eines Fahrzeuges ablehnen. Das ist immer der unangenehmste Fall für einen Auftragnehmer! Geht es um wirklich wesentliche Dinge, lassen Sie sich nicht überreden. Bei der Aussage »Das wird selbstverständlich sofort morgen erledigt!« fragen Sie, wie Sie sich dessen sicher sein können. Sicher ist eigentlich nur Ihr eigenes Urteil oder die Aussage eines unabhängigen Fachmannes/Gutachters!

Eine Zwischenabnahme ist auch eine gute Gelegenheit um Muster-Einbauteile oder eine Musterbeladung zu übergeben. Vermutlich sind auch inzwischen weitere Fragen aufgetaucht, die vor Ort geklärt werden sollten. Also nutzen Sie die Gelegenheit! Besprechen Sie auch, welche Maßnahmen von Ihnen erwartet werden, um das Fahrzeug fristgerecht fertig zu stellen. Selbstverständlich wird auch diese Frage protokolliert. Besprechen Sie auch schon einmal, wie die Endabnahme des Fahrzeuges durchgeführt werden soll.

7.3 Fahrzeugabnahme

Es ist soweit! Der Auftragnehmer möchte einen Abnahmetermin vereinbaren. Er stellt das erste Fahrzeug zur Abnahme der Leistung bereit. Nun wird es spannend! Monatelang haben wir Papier bewegt, geplant, diskutiert und verhandelt. Zum ersten Mal können wir nun sehen, ob unsere Planung erfolgreich war.

Für die gründliche Prüfung werden Sie bei einem Einzelfahrzeug oder beim ersten Fahrzeug einer Serie mindestens einen Arbeitstag brauchen, bei einem Großfahrzeug sicher länger. Auf jeden Fall sollten Sie einen fachkundigen Kollegen mitnehmen. Idealerweise ist dies zum Beispiel der Kfz-Meister, der das Fahrzeug später betreut. So ist er frühzeitig in die Verantwortung für das Fahrzeug eingebunden.

Nach der Begrüßung sollten Sie als erstes einmal kurz um das Fahrzeug herumgehen. Ist das Fahrzeug tatsächlich fertig gestellt? Es soll schon vorgekommen sein, dass das »fertige« Fahrzeug vor Handwerkern kaum zu erkennen war! Ist das Fahrzeug nicht fertig, sollten Sie entscheiden, ob das Fahrzeug innerhalb der vorgesehenen Frist abgenommen werden kann. Ist dies nicht der Fall, besprechen Sie klar und unmissverständlich, was Sie zur Abnahme des Fahrzeuges erwarten. Sagen Sie deutlich, was Sie davon halten, wenn Ihnen ein nicht fertiges Fahrzeug fertig gemeldet wird. Und nun reisen Sie ab! Lassen Sie sich nicht unter Druck setzen, setzen Sie sich nicht selbst unter Druck oder lassen sich den Kopf mit netten Besuchsprogrammen vernebeln. Auch ein unauffällig übergebener Briefumschlag (für Ihre Auslagen) hilft niemandem weiter! Kommen Sie erst wieder, wenn man Ihnen glaubwürdig versichert, dass die vereinbarte Leistung nun vollständig erbracht ist und das Fahrzeug fertig und gereinigt zur Abnahme bereitsteht.

Ist das Fahrzeug fertig, tun Sie zunächst, was den geringsten Aufwand macht. Sehen Sie sich die Dokumentation an:

- Liegt das Gutachten für die Einzelabnahme durch den amtlich anerkannten Sachverständigen vor?
- Liegt die Wiegebescheinigung vor (Leergewicht des Fahrzeuges mit vollem Tank + 75 Kilogramm Fahrer; Achslasten)?
- Ist der Kraftfahrzeugschein geändert (zum Beispiel von Lkw geschl. auf Sonderkraftfahrzeug Krankenkraftwagen oder Sonderkraftfahrzeug Feuerwehr)?

Das Werkzeug zur Abnahme

Nehmen Sie zur Abnahme nicht nur einen kompetenten Kollegen mit. Es hat sich bewährt, auch einen eigenen kleinen Werkzeugkoffer mitzubringen. Folgende Ausrüstung sollte mitgeführt werden:

- Schutzanzug (»Blaumann«), Schutzschuhe, eventuell eine Mütze,
- einen Putzlappen, um sich die Hände abwischen zu können,
- ein paar Handschuhe,
- eine gute Taschenlampe/Handscheinwerfer,
- mindestens einen Schraubendreher, gut ist ein stabiler umsteckbarer Kreuz-/Schlitz-Schraubendreher,
- ein Stahlbandmaß, möglichst fünf Meter lang,
- eine Schieblehre,
- ein Vielfach-Messinstrument (Multimeter) zur Messung von Strom, Spannung und Widerstand (mindestens 12–230 Volt mit einigen längeren Messleitungen),
- ein Prüfmanometer mit Steckanschluss für die Sauerstoffanlage,
- ein Steckdosenprüfgerät, Prüflampe für 12-Volt-Steckdosen,
- ein Klemmbrett DIN A4 und Schreibzeug,

Zu dieser Grundausstattung kommen idealerweise noch folgende Ausrüstungsgegenstände hinzu:

- ein Schichtdickenmesser zum Messen der Farbschichtdicken,
- ein Endoskop zur Überprüfung der Hohlraumkonservierung,
- eine Digitalkamera,
- einen Laptop mit der Leistungsbeschreibung, dem Angebot und Prüflisten sowie einer Tabelle mit der Zusammenfassung der Prüfergebnisse.

Sie werden sich wundern! Allein ein professioneller Auftritt löst leichte Unruhe beim Auftragnehmer aus und trägt zur Qualitätssteigerung bei. Allerdings sollten Sie mit dem Werkzeug auch umgehen können.

- Stimmen die Eintragungen im Kraftfahrzeugschein (Gewichte, Anzahl der Sitzplätze, Auf- und Einbauten, Sondersignalanlage, Standheizung, Sonderlackierung Leuchtrot RAL 3024 etc.)?
- Rechnen Sie kurz nach: Ziehen Sie das Leergewicht des Fahrzeuges vom zulässigen Gesamtgewicht ab. Bleibt tatsächlich noch genug für die vorgesehene Anzahl mitfahrender Personen und die vorgesehene Beladung zuzüglich einer eventuellen Gewichtsreserve? Jeder zugelassene und eingetragene Sitzplatz sollte auch benutzt werden dürfen.
- Liegt eine Bescheinigung vor, dass Aufbau und Einbauten den Herstellervorschriften des Fahrgestellherstellers entsprechen?

- Liegen die Betriebsanleitungen vor? Liegen die Fahrzeugschlüssel einschließlich der Reserveschlüssel und das Wartungsheft mit Eintrag der Übergabeinspektion vor?
- Liegen die von Ihnen geforderten Prüfbescheinigungen vor (zum Beispiel Gutachten über einen Crashtest, EMV-Verträglichkeit, Geräuschpegelmessungen, Pumpenprüfung usw.)?
- Liegen alle übrigen, von Ihnen geforderten Unterlagen vor (Schaltpläne, Leerrohr- und Verlegepläne, Verstärkungspläne und andere Zeichnungen, eventuell Rohbaufotos mit Maßangaben)?
- Zu guter Letzt (falls Sie dies vorher besprochen haben): Wo ist das Abnahmeprotokoll des hauseigenen Qualitätsbeauftragten?

Als nächstes beginnen Sie mit der Inaugenscheinnahme des Fahrzeuges. Geprüft wird, ob die Leistung vollständig und fachmännisch erbracht wurde. Dazu werde ich immer wieder nach Prüflisten (Checklisten) gefragt. Für diese Gruppe von Produkten und die geringen Stückzahlen haben sich Checklisten als wenig zielführend herausgestellt. Lohnend wird dies erst bei größeren Stückzahlen. Kopieren Sie Ihre Leistungsbeschreibung. So haben Sie ein Arbeitsexemplar, in dem Sie Ihre Anmerkungen machen können. In der Leistungsbeschreibung ist die zu erbringende Leistung erschöpfend beschrieben. Sie brauchen sich nur daran »entlanghangeln«.

Bei größeren Stückzahlen lassen Sie sich aus der Gliederung Ihrer Leistungsbeschreibung eine »Checkliste« machen. Hilfreich ist auch eine einfache, vorbereitete Mängelliste. Sie sollten so angezogen sein, dass Sie auch unter das Fahrzeug schauen können und keine Angst vor Unterbodenschutz auf der teuren Krawatte haben müssen. Der Auftragnehmer sollte eine Grube oder Hebebühne sowie eine Kabellampe bereitstellen. Ist keine Hebebühne oder Grube verfügbar, sollte wenigstens ein Rollbrett, mit dem Sie unter das Fahrzeug rollen können, zur Verfügung stehen.

Beginnen Sie mit der Abnahme nicht, bevor der letzte Handwerker fertig und das Fahrzeug gereinigt ist. Mit etwas Erfahrung finden Sie im Arbeitsablauf eine logische Reihenfolge. Beginnen Sie zum Beispiel von außen mit der Prüfung der Lackierung und arbeiten sich von vorne nach hinten durch. Im Zweifel beginnen Sie mit dem ersten Punkt der Leistungsbeschreibung und arbeiten die Forderungen nacheinander ab. Prüfen Sie auch die Erfüllung der Normforderungen, soweit dies durch Besichtigen, Handprüfung oder Nachmessen möglich ist. Über die Erfüllung anderer Forderungen lassen Sie sich gegebenenfalls Bescheinigungen vorlegen (siehe Dokumentation).

Ist die Lackierung einwandfrei? Gibt es Läufer, Nasen, Farbnebel anderer Farben oder eine »Orangenhaut«? Sind die Kanten sauber abgeklebt worden? Gibt es Zweifel am korrekten Schichtaufbau oder den Schichtdicken? Insbesondere bei der Verarbeitung von Tagesleuchtfarbe kommt es immer wieder zu Problemen. Immer wieder einmal wird zum Beispiel der transparente Decklack, der die Lackierung UV-beständig macht, zu dünn aufgetragen oder vergessen. Die Folge ist ein Ausbleichen der Lackierung schon nach wenigen Monaten. Bestehen begründete Zweifel, lassen Sie sich eine Lackieranweisung des Lackherstellers vorlegen und messen Sie die Schichtdicken nach. Wenn Sie über kein eigenes Schichtdickenmessgerät verfügen, lassen Sie eines herbeischaffen. Das ist gar nicht kompliziert. Ein solches Gerät ist so groß wie ein Mobiltelefon und deutlich einfacher zu bedienen!

7.4 Mängel

Prüfen Sie systematisch bei jeder Einzelleistung ob und wie Sie erbracht ist. Stellen Sie Mängel fest, notieren Sie diese. Verwenden Sie für jedes Fahrzeug ein eigenes Blatt. Das Abnahmeprotokoll sollte allerdings der Auftragnehmer in Abstimmung mit Ihnen schreiben. Wenn Sie etwas nicht finden oder meinen es funktioniert nicht, fragen Sie. Fragen Sie so lange bis Sie keine Zweifel mehr haben oder notieren Sie den Mangel. Schauen Sie ruhig auch einmal hinter eine Verkleidung: »Würden Sie bitte diese Lampe abnehmen, diese Klappe/Verkleidung abbauen?«

Finden Sie Späne, scharfe Kanten, hervorstehende Schrauben, lose Teile, fehlende Isolierung, Unterbodenschutz, Hohlraumkonservierung? Wurde erst der Unterbodenschutz aufgebracht und hinterher geschraubt und gebohrt? – Notieren Sie. Prüfen Sie jede Funktion, jeden Lichtschalter. Tun Sie dies auch beim Serienfahrgestell. Immer finden auch hier Eingriffe in die Elektrik statt. Auch der Lackierer hat Teile wie Spiegel, Leuchten oder Türgriffe, auch die Türen und die Motorhaube (hoffentlich) ab- und angebaut. Prüfen Sie also auch die Einstellung der Türen und die Funktion der Beleuchtung. Bei einem Rettungswagen prüfen Sie den Tragentisch mit und ohne Belastung. Wie viel Kilogramm hebt er? Schauen Sie sich die Verriegelungen an: Verriegelt alles spiel- und klapperfrei?

Tauschen Sie ebenfalls die Ausrüstungsgegenstände zwischen den Fahrzeugen. Passt die Trage, der Notfallarztkoffer, Werkzeuge auch beim Nachbarfahrzeug in die vorgesehene Halterung? Hier brauchen Sie Ihre Musterbeladung. Passt beim Löschfahrzeug nicht nur die eine Schaufel, das eine Standrohr in die vorgesehene Halterung, sondern alle vorgesehenen Typen? Wie ist es mit dem Handwerkzeugkasten?

Fahrzeuge ohne Mängel habe ich noch nicht erlebt. Dies kann man bei einem derartigen Einzelstück oder Kleinserienprodukt auch nicht erwarten. Langsam füllt sich daher die Mängelliste. Der Projektbeauftragte des Auftragnehmers sorgt sich auf einmal sehr um Getränke und ein gutes Mittagessen. Aber dieses Spiel kennen wir ja schon. Bleiben Sie freundlich – und hartnäckig! Sie sollen 100 % der Leistung bezahlen, also müssen Sie auch 100 % der Leistung funktionsfähig und handwerklich einwandfrei gesehen haben.

Sie werden Mängel finden, die sofort beseitigt werden können. Dies sind Kleinigkeiten: Eine Schraube wurde vergessen, Bohrspäne nicht abgesaugt, potenzielle Scheuerstellen an elektrischen Leitungen und vieles mehr. Notieren Sie mit Ihrem Handzeichen die Beseitigung und bestehen darauf, dass dies trotzdem im Protokoll erscheint. Dies ist als Leistungs- und Qualitätsnachweis und für spätere Abnahmen ausgesprochen nützlich.

Ist der Mangel nicht bis zum Ende der Abnahme zu beseitigen? Wie viel Vertrauen haben Sie zur Aufbaufirma? Kann der Mangel bis zur Ablieferung des Fahrzeuges bei Ihnen beseitigt werden? Ist das Fahrzeug mit diesem Mangel einsatzbereit? Bei weniger gravierenden Mängeln ist vorstellbar, dass Sie das Fahrzeug unter Vorbehalt der Beseitigung dieses Mangels abnehmen. Halten Sie fest, wie der Mangel beseitigt werden soll. Beides gehört in das Abnahmeprotokoll.

7.4.1 Rückbehalt

Sie werden auf jeden Fall (!) einen angemessenen Teil des Rechnungsbetrages bis zur Beseitigung des Mangels zurückbehalten. Stellen Sie fest, welchen Wert die mangelhaft erbrachte Leistung hat und wie groß die Einschränkung des Gebrauchswertes ist. Lassen Sie im Protokoll festhalten, welchen Betrag Sie zurückbehalten. Sie sollten den Bogen dabei nicht überspannen. Der Betrag soll dem Wert der Minderleistung entsprechen und notfalls zur Bezahlung einer Ersatzvornahme ausreichen. Einerseits muss die Summe den Auftragnehmer motivieren, den Mangel tatsächlich und rasch zu beseitigen. Andererseits ist Ihr Auftragnehmer darauf angewiesen, Geld zu verdienen und seine Kosten zu decken. Unternehmensziel ist es ja nicht, Feuerwehren oder Hilfsorganisationen zu beschenken. Also ist Geld der wirkungsvollste Hebel, den Sie einsetzen können.

7.4.2 Abnahme ablehnen?

Es kann durchaus schlimmer kommen. Gibt es Mängel, die die Einsatzbereitschaft des Fahrzeugs ausschließen? Dies müssen keine großen Dinge sein. Ein Einsatzfahrzeug ohne funktionsfähige Funkanlage ist nicht einsatzbereit. Und Sie lehnen daher die Abnahme ab! Und dies tun Sie so lange, bis der Mangel beseitigt ist. Verweigert gar der Auftragnehmer die Beseitigung von Mängeln? Dass kommt sehr selten vor.

Sie stellen nur Tatsachen fest. Lassen Sie den Sachverhalt protokollieren. Gegebenenfalls müssen Sie Beweise sichern und Fotos machen. Schlimmstenfalls ist eine Beweissicherung durch einen unabhängigen Sachverständigen erforderlich. Sie verweigern die Abnahme bis zur Klärung der Angelegenheit und wenden sich gegebenenfalls an Ihren Rechtsberater. Wenn es wirklich hart kommt, schauen Sie mit Ihrem Rechtsberater in das Bürgerliche Gesetzbuch (BGB). Nachbesserung, Minderung oder Wandlung sind die Stichworte. Hier erreichen wir jedoch ein Feld, dass nicht mehr von Technikern bearbeitet werden kann, sondern von Juristen. Aber nur Mut. Bleiben Sie gelassen und lassen Sie sich fachkundig beraten.

7.5 Lieferverzug/Vertragsstrafen

Vertragsstrafen sollen nur für die Überschreitung von Ausführungsfristen ausbedungen werden und auch nur dann, wenn die Überschreitung erhebliche Nachteile verursachen kann. Die Strafe ist in angemessenen Grenzen zu halten (§ 12 VOL/A).

Die Forderung von Vertragsstrafen setzt voraus, dass sie vorher vertraglich vereinbart wurden. Auch Höhe und Voraussetzung der Strafen müssen in den Ausschreibungsunterlagen genannt sein. Der Auftragnehmer muss sie mit seinem Gebot akzeptiert haben. Vertragsstrafen nachträglich einzuführen, wäre eine unzulässige Leistungsänderung. Weiter muss durch den Lieferverzug ein erheblicher Nachteil entstehen.

Ein gängiger Fall: Das neue Fahrzeug wird nicht fristgerecht geliefert. Am vorhandenen Fahrzeug werden erhebliche Reparaturarbeiten fällig, um es bis zur Lieferung des Ersatzfahrzeuges weiter betreiben zu können. Dies können der Ersatz eines Automatikgetriebes oder teurere TÜV-Arbeiten sein. Möglicherweise kommen auch sonst nicht notwendige Reisekosten und Arbeitsausfall für eine vergebliche Anreise zu einer Leistungsabnahme in Frage.

Was als Höhe der Strafe angemessen ist, wird nicht explizit genannt. In meinem Hause werden üblicherweise 0,5 % des Auftragswertes für jede vollendete Woche Lieferverzug für maximal sechs Wochen vereinbart. Damit ist etwa der kalkulatorische Gewinn aus dem Auftrag abgeschöpft. Alles andere im Rechungsbetrag sind Kosten, die dem Auftragnehmer für Material, Löhne, Zinsen etc. tatsächlich entstehen.

Um die Vertragsstrafe durchsetzen zu können, ist ein im Kalender ablesbares Datum als Liefertermin bei Auftragsvergabe zu vereinbaren. Dazu sollte zweckmäßigerweise der Auftragnehmer selbst einen angemessenen Liefertermin nennen. Dies erleichtert Ihnen die Argumentation erheblich. Nach § 11 VOL/A sollen Lieferfristen angemessen sein. Sie sollten eine Pufferzeit (für Ihre Planung) berücksichtigen. Dies muss der Auftragnehmer ja nicht wissen. Zu Verzögerungen kommt es in einem mehrmonatigen Projektlauf mit vielen Zulieferern fast regelmäßig. Das ist auch wegen der Komplexität und Individualität des Projektes kaum zu verhindern. Schließlich wird ja nicht einmal ein Großserienfahrzeug immer pünktlich geliefert.

Die Schuldfrage brauchen Sie beim Lieferverzug nicht zu diskutieren. Der Auftragnehmer hat die Möglichkeit, selbst Vertragsstrafen zu vereinbaren oder von seinen Zulieferern Schadenersatz zu fordern.

Über die Vertragsstrafe hinaus Schadenersatzforderungen durchzusetzen, ist fragwürdig. Dazu müssten Sie einen bezifferbaren Schaden beweisen können. Bei den oben beschriebenen Reparaturarbeiten steigt das Altfahrzeug ja wieder im Wert. Wie groß ist der Schaden also exakt? Jedoch ist ein Vergleich durchaus möglich. Sie wollen etwas, der Vertragspartner auch. Der Auftragnehmer möchte nämlich das Fahrzeug nach Fertigstellung so schnell wie möglich abgenommen und bezahlt haben. Jeder Tag kostet Zinsen … Es kann jedoch sein, dass Sie nach einem vergeblichen Abnahmetermin erst einmal keine Zeit haben. Was steht doch gleich in Ihrer Leistungsbeschreibung? »Die Abnahmetermine sind spätestens 14 Tage vorher zwischen den Projektleitern zu vereinbaren.« Daran können Sie sich halten oder auch nicht. Das heißt auch nicht, dass Sie nach exakt 14 Tagen auch Zeit haben müssen. »Sind Sie damit einverstanden, dass wir die Reisekosten für die vergebliche Anreise in Höhe von ... Euro vom Rechnungsbetrag abziehen?«

7.6 Lieferung und Zahlung

Ich wünsche Ihnen, dass es gelingt, alle Klippen zeitgerecht zu umschiffen! Die Dokumentation ist vollständig. Alle Kleinigkeiten sind beseitigt. Das Abnahmeprotokoll ist geschrieben. Sie unterschreiben und nehmen die Leistung ab. Sie haben gegebenenfalls auch Ihre Vorbehalte protokollieren lassen. Nun kommt es nur noch darauf an, das Fahrzeug nach Hause zu bekommen. Was ist zum Gefahrenübergang vereinbart? Am Standort des Auftragnehmers oder des Auftraggebers? Was ist zum Thema Überführung vereinbart? Sie oder der Auftragnehmer? Lassen Sie die Überführung auf eigener Achse zu? Wenn alle diese Fragen geklärt sind, treten Sie beruhigt die Heimreise an.

Und nun sind Sie an der Reihe Ihren Teil des Vertrages zu erfüllen! Sie sind ein fairer Geschäftspartner, also veranlassen Sie auch umgehend die Bezahlung der Rechnung. Vermerken Sie für die weitere Rechnungsbearbeitung eventuelle Rückbehalte bis zur vollständigen Leistungserfüllung: »Wegen unvollständiger Lieferung der Beladung ist der Rechnungsbetrag bis zur Erfüllung der Leistung ...« oder »Bis zur vollständigen Mängelbeseitigung ist der Rechnungsbetrag um ... Euro zu mindern.«

Selbstverständlich legen Sie eine Kopie zu Ihren Projektunterlagen. Nach vollständiger Erfüllung der Leistung werden Sie ebenso selbstverständlich auch die Restbeträge bezahlen.

8 Indienststellung eines Fahrzeugs

8.1 Indienststellung, Garantieüberwachung und Nachbereitung

Nun ist es fast geschafft! Nach vielen Monaten recht mühseliger Arbeit stehen die neuen Fahrzeuge bei Ihnen auf dem Hof der Feuer- bzw. Rettungswache. Auch wenn Sie, wie ich, kein Autonarr sind, ist es doch ein gutes Gefühl, das Ergebnis seiner Arbeit frisch lackiert vor Augen zu haben. Jetzt sind es nur noch wenige Schritte, die bei guter Vorbereitung schnell erledigt sind. Sind die Fahrzeuge bei Ihnen, wollen natürlich alle einmal schauen, was denn da schönes, neues gekommen ist. Neue Fahrzeuge haben eine magische Anziehungskraft. Die Kollegen des Einsatzdienstes und auch der Werkstätten probieren einmal hier, einmal da und schon haben Sie den ersten Schaden. Sie sollten unbedingt den Zugriff durch Unbefugte verhindern bis die zuständigen Mitarbeiter eingewiesen sind und das Fahrzeug übergeben wurde! Erst danach haben Sie Ihre Arbeit erledigt und sind nicht mehr unmittelbar verantwortlich.

8.1.1 Wareneingangskontrolle und Rechnungsbearbeitung

Ich gehe davon aus, dass Sie nicht nur die Fahrzeuge, sondern auch die Rechnungen vor sich haben. Die Fahrgestellhersteller stellen das Fahrgestell oder Grundfahrzeug im Rahmen eines Konsignationsvertrages häufig erst einmal ohne Rechnungsstellung zum Ausbau bereit. Erst nach vollständiger Fertigstellung des Fahrzeuges durch den Fahrzeugausbauer oder spätestens sechs Monate nach Lieferung wird Ihnen das Grundfahrzeug in Rechnung gestellt. Sollte dies nicht der Fall sein, sprechen Sie Ihren Fahrzeuglieferanten darauf an. So lassen sich ohne Mühe Kapitalkosten sparen. Auch wenn Sie Zahlung nach Lieferung vereinbart haben, ist durchaus interpretationsfähig welcher Zeitpunkt denn der tatsächliche Liefertermin des Fahrzeuges ist. Lässt sich hier keine zufriedenstellende Lösung finden, kann dies bei weiteren Beschaffungen möglicherweise als Bewertungskriterium herangezogen werden.

Bevor Sie einen Lieferschein oder Übergabebeleg unterschreiben, schauen selbstverständlich Sie oder ein zuverlässiger Kollege sich noch einmal die Fahrzeuge genau an. Prüfen Sie wie bei jeder anderen Ware, ob die Fahrzeuge tatsächlich ohne Schäden bei Ihnen angekommen sind! Üblicherweise ist der Gefahrenübergang der Zeitpunkt der Ablieferung. Bis dahin liegt die Haftung für Schäden beim Lieferanten. Er kann sich gegebenenfalls bei seinem Spediteur schadlos halten. Dies sollten Sie auch berücksichtigen, wenn Sie Fahrzeuge selbst überführen. Bei einer langen Fahrt nach harter Arbeit und kurzen Nächten kann es leicht schon einmal zu einer ordentlichen Schramme am schönen neuen Fahrzeug kommen. Wenn Sie damit zu Hause auf dem Hof erscheinen, ist das nicht unbedingt gut für das Image. Stellen Sie bei der Übernahme Schäden fest, wird dies auch auf dem Übergabebeleg dokumentiert und von beiden Seiten unterzeichnet. Danach setzen Sie sich mit dem Lieferanten wegen der Schadenbeseitigung ins Benehmen. Bezahlt wird selbstverständlich nur die mängelfreie Lieferung.

Nun vergleichen Sie jede Rechnungsposition mit der Leistungsbeschreibung und noch einmal mit dem tatsächlichen Lieferumfang. Sie sollten sich wirklich die Mühe machen und noch einmal nachschauen: Hat das Fahrzeug tatsächlich die berechnete Zusatzheizung, den Beifahrerairbag usw. Glauben Sie mir: Nichts ist unmöglich! Auch renommierte Fahrzeughersteller machen einmal einen Fehler.

Bei der Übersetzung Ihrer Leistungsbeschreibung in Herstellercodes oder in Arbeitsaufträge kommt es immer wieder einmal zu Problemen. Jeder versucht, mit den in seinem Unternehmen eingeführten Schlüsselnummern oder Textbausteinen zu arbeiten. Häufig ist etwas anderes auch gar nicht möglich. Jetzt ist der letzte Zeitpunkt, an dem noch ohne allzu große Peinlichkeiten Nachbesserungen verlangt oder die Rechnung korrigiert werden können. Nun prüfen Sie bitte auch noch einmal, ob Sie Zahlungsvorbehalte haben. Sind Vertragsstrafen wegen Lieferverzug fällig geworden? Denken Sie noch einmal daran: Eine Zahlung zunächst auszusetzen oder zu mindern ist das wirkungsvollste Instrument, um die vollständige und ordnungsgemäße Leistungserbringung zu erreichen. Haben Sie erst einmal gezahlt, sind Sie auf den guten Willen Ihres hoffentlich auch hier seriösen Auftragnehmers angewiesen. Doch wie heißt es? »Hoffen und harren hält manchem zum Narren!« Und fünf- oder sechsstellige Beträge aus Steuermitteln nach einem Blick in treue, blaue Augen zu zahlen ist nicht mutig, sondern dumm. Auf einmal sind andere Dinge leider ganz dringend, die richtigen Leute nicht zu erreichen, der einzige Kundendienstmonteur krank und so weiter. Zu diesem Zeitpunkt habe ich schon die tollsten Geschichten und Versprechungen gehört – und auch schon die Realität erlebt.

Am schnellsten und sichersten ist die schnelle und vollständige Erfüllung der Leistung und erst danach die ebenso schnelle Bezahlung. Dafür darf man gern einmal eine Überstunde machen, die Rechnung selbst zur Buchhaltung tragen und dort ein gutes Wort einlegen. So hält man sich den Rücken frei und verschafft sich Respekt beim Lieferanten! Also – erst wenn alle Zweifel beseitigt sind, geben Sie die Rechnung zur Zahlung frei.

8.1.2 Indienststellung

Für den Ablauf bis zur Übergabe und Indienststellung des Fahrzeugs haben Sie natürlich spätestens vor ein paar Wochen Ihre Planung konkretisiert. Ihr Projektplan sagt nun allen Beteiligten, was wann passiert:

- Wer lässt wann die Fahrzeuge zu und montiert die Kennzeichen?
- Ist noch eine Übergabeinspektion fällig?
- Sind noch Restarbeiten zu erledigen (Beklebungen und Beschriftungen? Ist noch ein Gerät einzubauen? Was ist mit dem Unterbodenschutz oder einer anderen Spezialität Ihres Hauses? Sind hierfür alle Aufträge erteilt und die Termine abgesprochen?)?
- Sind zeitgerecht alle Einweisungen für das Fahrzeug und neue Geräte organisiert?
- Ist sichergestellt, dass gegebenenfalls zwischendurch die Fahrzeugbatterien geladen werden?
- Ist ein Übergabetermin und die Frist bis zur Indienststellung abgesprochen?
- Ist den übernehmenden Dienststellen bekannt, welche Geräte vom Altfahrzeug übernommen werden müssen?
- Ist geregelt, wann die ersetzten Altfahrzeuge abzuliefern sind?

Dies ist natürlich eine unvollständige Übersicht, die individuell anzupassen ist. Sie sehen aber, dass es schon noch eine ganze Reihe Kleinigkeiten im Vorfeld einer Fahrzeugübergabe zu organisieren gibt. Wenn es gelingt, sind Sie – trotz einiger Werkstatttermine – in wenigen Tagen mit Ihrer Arbeit fertig. Es gibt jedoch landauf, landab jede Menge Negativbeispiele. Nur wird es weder die Geschäftsleitung noch die auf die Fahrzeuge wartenden Mitarbeiter begeistern, wenn sie sich jeden Tag neue Fahrzeuge ansehen können, die Fahrzeuge aber wegen Kleinigkeiten nicht in Dienst gestellt werden. Lassen Sie sich lieber noch ein paar Tage Zeit, bis die Fahrzeuge auf den Hof kommen. Wenn die Fahrzeuge für den »Endkunden« sichtbar sind, ist auch sofort sichtbar, ob Sie als Projektmanager gute Arbeit liefern können.

Wenn Sie das Fahrzeug übergeben, bringen Sie es den Mitarbeitern an die Feuer- bzw. Rettungswache und gestalten die Übergabe so persönlich wie möglich. Beachten Sie aber auch eventuelle offizielle Übergabezeremonien, die der Amtsleiter oder Bürgermeister durchführen möchte. Nehmen Sie sich auch für die Einweisung Zeit und übergeben Sie eine vernünftige Dokumentation und Betriebsanleitung. So ganz nebenher steigert es zusätzlich die Akzeptanz, wenn im Handschuhfach eine Handvoll Kugelschreiber, Feuerzeuge oder eine Tüte Süßigkeiten liegt. Sie mögen darüber lachen. Ein solches Übergabeprogramm, bei dem die Mitarbeiter vom Projektmanager persönlich ordentlich eingewiesen werden, eine Menge Fragen stellen können und Ihnen vermittelt wird, dass sie ernst genommen werden, steigert die Akzeptanz und senkt messbar die Zahl der Fehlermeldungen.

Jetzt haben Sie sich aber wirklich eine Belohnung verdient! Sie haben es geschafft, alle Fahrzeuge sind übergeben. Ich brauche Ihnen jetzt nicht mehr erklären, wie viel Arbeit eine solche Fahrzeugbaureihe macht und wie selbstverständlich das Ganze hinterher aussieht. Weil es vermutlich doch kein anderer tut, gönnen Sie sich eine Belohnung. Vergessen Sie Ihre Kollegen nicht, die auch nicht wenig Arbeit mit dem Projekt hatten und denen Sie gelegentlich auf die Nerven gegangen sind. Gehen Sie gemeinsam Essen oder geben Sie wenigstens eine große Portion Eis aus. Vergessen Sie auch Ihre Frau nicht! Wenn Sie in den vergangenen Monaten recht häufig auf Dienstreise waren, Ihre häuslichen Pflichten ein wenig vernachlässigt haben und eventuell auch zu Hause einmal Dampf abgelassen haben, ist jetzt Gelegenheit etwas gutzumachen!

8.1.3 Garantieüberwachung, Erfolgskontrolle, Projektanalyse

Sie haben es schon gemerkt: Projekte wie eine solche Fahrzeugbeschaffung ohne Fehler gibt es nicht. Legen Sie ein neues Trennblatt in den Projektordner und schreiben Sie »Garantieüberwachung« darauf. Dass hört sich besser an als »Mängel« oder »Fehler«. Dass Sie oder Ihre Werkstatt sich um die Beseitigung auftretender Probleme bemühen, ist selbstverständlich. Schauen Sie aber erst einmal genau hin: Ist es ein Garantiefall? Oder Fehlbedienung? Oder haben die Kollegen schlicht etwas kaputt bekommen, was dem Hersteller nun wirklich nicht anzulasten ist?

Vergessen die Dokumentation nicht! Sammeln Sie *jede* Fehlermeldung, auch wenn sich herausstellt, dass es kein Fehler war. Legen Sie sich eine Matrix an und listen Sie alle auftretenden Probleme fahrzeugweise auf. Tritt das gleiche Problem mehrfach oder bei mehreren Fahrzeugen auf? Gibt es eine auffällige zeitliche Verteilung, ein Montagsauto oder eine »Schwerpunktwache«? In einer Matrix lässt sich sehr schnell erkennen, ob es irgendwo ein systematisches Problem gibt. Sie haben frühzeitig die Möglichkeit, darauf zu reagieren und den Schaden zu begrenzen. Dabei muss es sich nicht unbedingt um ein Garantieproblem handeln. Möglich ist auch, dass zur Bedienung des Fahrzeuges oder der Geräte die eine oder andere Information fehlt und sie dort nachbessern müssen.

Rechtzeitig, spätestens jedoch einige Wochen vor Ende der Garantiezeit und Beginn eines Nachfolgeprojektes werten Sie die Fehlerübersicht aus. Welche technischen Probleme hat es gegeben, auf die Sie bei einem Nachfolgeprodukt reagieren müssen? Welche Probleme haben Einfluss auf die Lieferantenbewertung? Fragen Sie dazu auch noch einmal Ihre Werkstatt. Parallel dazu fragen Sie die Nutzer der Fahrzeuge nach ihren Erfahrungen. Stellen Sie dazu möglichst gezielte Fragen und geben Sie wo möglich eine Bewertungsskala vor. Je gezielter Sie fragen, um so aussagekräftiger werden die Antworten sein. Die Ergebnisse übertragen Sie wieder in eine Matrix.

Wichtig ist eine möglichst sachliche Bewertung. Es ist denkbar, dass aus übergeordneten Überlegungen ein Fahrzeugtyp eingeführt werden musste, von dem die Mitarbeiter wenig begeistert sind oder dass – warum auch immer – das Projekt ein wenig missraten ist. Dass steigert erfahrungsgemäß die Kritikfreude erheblich. Der Umfragezeitpunkt sollte so gewählt werden, dass sich der erste Rauch verzogen hat und die Zahl der Fehlermeldungen spürbar gesunken ist. Also warten Sie erst einmal einige Zeit mit der Befragung und Sie werden ein aussagefähigeres Bild bekommen. Auch möglichst konkrete, sachliche Fragen und die genannte Bewertungsskala oder Kästchen zum Ankreuzen tragen zur Versachlichung bei.

Der nächste Schritt ist die Auswertung des Projektablaufes. Sehen Sie sich den Projektzeitplan einmal kritisch an und führen Sie einen Soll/Ist-Abgleich durch. Hat einmal wieder alles viel länger gedauert als geplant? Der Soll/Ist-Abgleich im Projektzeitplan ist das beste Beweismittel, dass es schneller eben nicht geht. Oder haben Sie noch nicht alle Optimierungsmöglichkeiten ausgeschöpft?

Kopieren Sie den Basisplan und verwenden Sie die aktualisierte Kopie als neuen Projektzeitplan. Nun können Sie beim nächsten Projekt ein gutes Stück von der vorangegangenen Arbeit profitieren.

Die drei Bausteine

- Auswertung der Fehlermeldungen,
- Auswertung der Erfahrungsberichte und
- Auswertung des Projektablaufes

sind die Basis für einen Abschlussbericht. Mit einem sauberen Abschlussbericht bekommen Sie eine große Zahl wertvoller Informationen für folgende Projekte auf wenigen Seiten zusammengefasst. Gleichzeitig ziehen Sie einen Schlussstrich unter dieses Projekt.

9 Technische Einzelfragen

Acht Kapitel haben wir uns mit Projektmanagement und Vergaberecht befasst. Mit diesem Handwerkszeug sind Sie in der Lage, eine ganze Reihe von Problemen, nicht nur bei der Fahrzeugbeschaffung, zu lösen. Ziel war es, Ihnen ein möglichst breit verwendbares Handwerkszeug zu vermitteln. Ich möchte Sie jedoch nicht entlassen, ohne auf einige Spezialitäten beim Bau von Sonderfahrzeugen zu sprechen zu kommen. Diese wenigen Themen betreffen nahezu alle Fahrzeugtypen. Daher soll hier darauf eingegangen werden.

9.1 Gewichtsbilanz

Lösch- und Sonderfahrzeuge der Feuerwehren und insbesondere Rettungsdienstfahrzeuge wie Rettungswagen und Notarzt-Einsatzfahrzeuge haben oft Gewichtsprobleme. Überschreitung des zulässigen Gesamtgewichtes und/oder der Achslasten, ungleichmäßige Gewichtsverteilung in der Fahrzeuglängsachse und eine ungünstige Schwerpunktlage sind leider keine Ausnahme. »Dieses oder jenes Ausrüstungsteil muss unbedingt noch mit. Neulich hätten wir es doch ganz dringend gebraucht. Das bekommen wir schon noch unter!« So etwas wiederholt sich immer einmal wieder. Fahrzeugbeladungen neigen zum unkontrollierten Wachstum. Auf die Waage fährt man ja mit seinem Fahrzeug normalerweise auch nicht so regelmäßig, wie man möglicherweise selbst auf die Waage steigt.

Ein Fahrgestell oder ein Kastenwagen einer niedrigeren Gewichtsklasse ist ja doch ein wenig billiger, als das nächst größere. Und die Auflastung ist ja kein Problem – wenn Sie denn überhaupt durchgeführt wird ... Schaut man einmal bei der Fahrzeugabnahme aufmerksam Fahrzeugschein und Wiegebescheinigung einiger Fahrzeuge an und nimmt einen Taschenrechner zu Hilfe, kann man sich nur wundern. Dies trifft selbstverständlich nur einige wenige Fahrzeuge und Fahrzeugtypen, aber die Nachprüfung vor der Abnahme macht schon Sinn. Im Zweifel macht es auch Sinn, ein Fahrzeug nicht abzunehmen.

Bei Lösch- und Sonderfahrzeugen ist eine immer einmal gehörte Argumentation »Die Fahrzeuges fahren ja nur wenige Kilometer, da ist eine Auflastung durchaus vertretbar.« Auch die Führerscheinproblematik spielt hier eine Rolle. Die Folge ist ein erhöhter Verschleiß an Fahrgestell, Antriebsstrang und Bremsen, Rahmenbrüche und erhebliche negative Auswirkungen auf die Fahrdynamik. Für den Betreiber wie den Fahrer des Fahrzeuges kann es zu unangenehmen rechtlichen Konsequenzen kommen. Ein Fahrgestell wird konstruktiv auf ein bestimmtes Fahrzeuggewicht, zum Beispiel zwölf Tonnen ausgelegt. Dabei kann man davon ausgehen, dass ein Lkw einen großen, wahrscheinlich den weit überwiegenden Teil seiner Fahr- und Standzeit das zulässige Gesamtgewicht nicht erreicht. Stellen Sie sich doch die typische Belastung eines Lkw im Güternahverkehr vor. Bei vollem Beladungsvolumen wird durchaus nicht unbedingt das zulässige Gesamtgewicht erreicht. Im Laufe des Tages wird das Fahrzeug bei den verschiedenen Anlieferstellen entladen. Einen guten Teil des Tages steht es nun mehr oder weniger unbeladen herum. Nach einer Betriebszeit von fünf Jahren ist das Fahrzeug bereits abgeschrieben und wird mit einiger Wahrscheinlichkeit ersetzt.

Die Feuerwehr beschafft jedoch ein 12-Tonnen-Fahrgestell und lässt es auf 14 Tonnen auflasten. Dies möglichst noch mit einem kopflastigen Drehleiteraufbau. Das Fahrzeug hat ja nur eine sehr geringe Jahresfahrleistung! Und das Fahrgestell ist ja auch niedriger als das nächst größere. Ein so großes Fahrerhaus brauchen wir auch nicht! Wir bekommen ein schickes, neues Fahrzeug und eine gute Presse.

Nun schauen wir uns einmal ehrlich unsere erfahrenen Fahrer und Drehleitermaschinisten an. Wie viele Kilometer Fahrpraxis haben denn die Erfahrensten? Und die weniger Erfahrenen? Einige hundert bis maximal wenige tausend Kilometer bestenfalls. Diese Fahrer bekommen nun ein konstruktiv eigentlich überladenes oder zumindest an der Nutzlastgrenze liegendes Fahrzeug. Eventuell hat jedes Rad des Fahrzeuges auch noch eine unterschiedliche Radlast. Man will ja die Beladung schön ergonomisch anordnen.

Mit diesem Fahrzeug schicken wir dann unsere Fahrer auf die Alarmfahrt. Für welchen Zweck wird ein Einsatzfahrzeug denn sonst gebaut? Dichter Verkehr, es regnet, es ist dunkel, Fahrer und Mannschaft im Stress – am Ende war es dann menschliches Versagen?! Die übriges Zeit steht das Fahrzeug brav im Stall – mit 13,5 Tonnen Gewicht auf einem 12-Tonnen-Fahrgestell. 24 Stunden am Tag, 365 Tage im Jahr. Möglichst 15 Jahre oder wohl möglich noch länger. Nach zwei bis drei Jahren bemerkt dann ein aufmerksamer Kraftfahrzeughandwerker oder Prüfer Risse im Hilfsrahmen...

Auch im Rettungsdienst gibt es einige Spezialitäten. Zum Beispiel Notarzt-Einsatzfahrzeuge auf der Basis eines Pkw-Kombi. Da wird dann auf die Ladefläche gebaut und gepackt, was man eben so benötigt. Beim Ausbau ist man ja noch vernünftig: »Sie dürfen nicht mehr, als die jetzt vorhandene Beladung mitführen!« Selbstverständlich! Nur dass das die Kollegen an der Rettungswache leider nicht wissen. Die merken dann, dass das Reservematerial ja bei weitem nicht ausreicht. Außerdem haben die Beschaffer ja wieder die Hälfte vergessen! Aber es ist ja noch Platz! Jeder hatte schon einmal einen Einsatz, bei dem ihm etwas wichtiges gefehlt hat. Und das muss jetzt, in dem neuen Fahrzeug aber mit! Fahren Sie doch einmal mit einem solchen Fahrzeug ein paar Wochen nach Inbetriebnahme auf die Waage! Oft reicht es, sich das Fahrzeug einmal aufmerksam von der Seite anzusehen. Einige Fahrzeuge hängen hinten durch. Auch verstärkte Stoßdämpfer haben ihre Grenzen.

Nach DIN 75079 (Notarzt-Einsatzfahrzeug) muss das Fahrzeug mindestens innerhalb von 14 Sekunden von 0 auf 100 km/h beschleunigen können. Wenn die Norm auch sonst schon gern einmal etwas großzügig ausgelegt wird – dass muss das Fahrzeug aber mindestens schaffen! Fahrer ist dann möglicherweise ein 19-jähriger Zivildienstleistender, der seit sechs Monaten den Führerschein und von den Eltern zum Abitur einen Kleinwagen bekommen hat. Und diesen Menschen schicken wir dann in Alarmfahrt, unter gelegentlich extremen Betriebsbedingungen, mit einem schnellen, großen Kombi auf die Straße, der heckseitig völlig überladen ist!? Damit Sie mich nicht falsch verstehen: Dies richtet sich nicht gegen die Zivildienstleistenden, die einen sozialen Dienst für ihre Mitmenschen tun wollen. Eher schon gegen die Zeitgenossen, die gutwillige Mitmenschen mit solchen Fahrzeugen auf die Straße schicken!

Ein sehr beliebtes Thema ist, wie einige Leser wissen, die Gewichtsbilanz von Rettungswagen. Da gibt es dann den klassischen 3,5-Tonnen-Kleintransporter, mit dem Zubehör »Vorderachse verstärkt« auf 3,8 Tonnen zulässiges Gesamtgewicht aufgelastet. Das ist eine Variante, die für den Wohnmobilbau entwickelt wurde. Nur dass dort die Betriebsbedingungen ein wenig anders sind. Oder den Rettungswagen mit Kofferaufbau, der angeblich nur 3,5 Tonnen wiegt. Mehr darf er nicht wiegen, der Fahrer hat ja den neuen Führerschein der Klasse B (Kraftfahrzeuge bis 3,5 Tonnen zulässiges Gesamtgewicht). Es wird behauptet, dass bis zu 40 % aller Rettungswagen überladen sind. Die negativen Konsequenzen habe ich bereits bei anderen Fahrzeugen beschrieben.

Sehen Sie mir bitte einen emotionellen Ausbruch nach. Ein solches Vorgehen seitens der Fahrzeugbeschaffer und Betreiber halte ich jedoch für verantwortungslos, ja kriminell! Haben Sie als erfahrener Fahrer schon einmal versucht, ein solches Fahrzeug im Grenzbereich zu fahren? Der Fahrer, der mit einem Führerschein der Klasse B und einem Fahrzeug mit mehr als 3,5 Tonnen tatsächlichem Gewicht auf die Straße geschickt wird, fährt ohne gültige Fahrerlaubnis. Dies unter Umständen mit einem Fahrzeug, welches das zulässige Gesamtgewicht überschreitet. Da kommt schon einiges an rechtlichen Konsequenzen zusammen: Fahren ohne gültige Fahrerlaubnis, Fahrzeug überladen, Verlust des Versicherungsschutzes, Vorwurf des Organisationsversagens. Ich bin kein Jurist, aber die Kette lässt sich sicher noch weiter spinnen. Falls Sie ein sauberes Gewissen haben, fragen Sie doch einmal einen tüchtigen Polizisten oder Verkehrsrechtler. Aber wecken Sie keine schlafenden Hunde!

Schieben Sie bitte auch nicht die Verantwortung allein auf die Fahrzeugverkäufer und -aufbauhersteller! In einem kleinen, engen Markt wird um jeden Auftrag hart gekämpft. Dabei ist die Masse der Anbieter trotz allem seriös und problembewusst. Aber der eine oder andere erliegt doch der Versuchung. Da kann man sich die Welt schon einmal ein wenig schön reden. Gebaut wird am Ende, was der Kunde wünscht. Er will es ja schließlich so haben!
Auftraggeber und Auftragnehmer, die fahrlässig derartige überladene Fahrzeuge in den Einsatzbetrieb lassen, gehören nach meiner festen Überzeugung aus dem Verkehr gezogen. Jeder in diesem Geschäft verantwortlich Tätige sollte sich auch seiner Verantwortung bewusst sein.

Dass war eine ausführliche, aber wie ich meine, notwendige Problembeschreibung. Welche Konsequenzen sind daraus abzuleiten? Wie schon bei der Planung beschrieben: gründliche Arbeit und konsequentes Verhalten! Die Planung eines Fahrzeuges beginnt bei der Planung der Beladung.

9.1.1 Personengewicht

In der Straßenverkehrsordnung wird er von einem Personengewicht von 75 Kilogramm ausgegangen. Nur – wer wiegt schon 75 Kilogramm? Bei einem Feuerwehrangehörigen kommen zudem noch die Schutzkleidung, Stiefel, Helm und Atemschutzmaske hinzu. Auch wenn Sie in der Gewichtsbilanz korrekt mit 75 Kilogramm pro Person gerechnet haben, ist das Fahrzeug trotzdem überladen, wenn Sie auf die Wage fahren! Da hilft auch Nachrechnen nicht.

Was hilft ist, dass Personengewicht nach den Anforderungen für Feuerwehrfahrzeuge in der Bilanz mit 90 Kilogramm pro Person anzusetzen. Dies gilt auch für den Patienten im Rettungswagen. Erfahrungsgemäß werden übergewichtige Menschen häufiger krank und zu unseren »Kunden« als Normalgewichtige. Ein Intensivinkubator wiegt auch schon einmal 120 Kilogramm. Wir wollen aber doch beim bestimmungsgemäßen Gebrauch eines Rettungswagens weder den übergewichtigen Patienten noch das Neugeborene im Intensivinkubator auf der Straße stehen lassen.

9.1.2 Beladungsgewicht

Einen ersten Anhalt für die Ermittlung des Beladungsgewichtes bieten die Gewichtsangaben in den Ausrüstungstabellen der Normblätter. Aus diesen Ausrüstungstabellen werden Sie ja vermutlich auch Ihren Beladeplan entwickeln. Tun Sie dies in einer Tabellenkalkulation und schreiben Sie jeweils das tatsächliche Gewicht der Ausrüstungsgegenstände dahinter. Schauen Sie sich die Tabelle kritisch an. Sind die Angaben plausibel? Notfalls müssen Sie nachwiegen! Dabei kommt es nicht so sehr auf die Stellen nach dem Komma an. Man kann auch durchaus die komplette Musterbeladung oder partieweise wiegen. Sicher gibt es auch bei Ihnen in der Nähe eine geeignete Paket- oder Personenwaage. Nur so werden Sie die Wahrheit erfahren. Nun machen Sie eine einfache Gewichtsbilanz auf (Bild 19).

Die Ergebnisse arbeiten Sie in Ihre Leistungsbeschreibung ein. Eine Formulierung könnte lauten: »Das Fahrzeug muss im ausgebauten Zustand vier (oder fünf, sechs, ...) Personen je 90 Kilogramm einschließlich Fahrer und 235 Kilo-

#	Anzahl	Zuladung	Gewicht (kg)
1	1	RTW-Fahrer 90 kg, davon 75 kg im zulässigen Gesamtgewicht des Fahrzeuges enthalten	15
2	1	RTW-Führer	90
3	1	Begleitperson, auszubildender RA	90
4	1	Patient	90
5	1	Beladung nach Beladeliste	235
		Summe:	**520**

Bild 19: Beispiel für eine Gewichtsbilanz

gramm Beladung transportieren können. Es muss eine Gewichtsreserve von 100 Kilogramm (?) verbleiben.« Den Beladeplan und ein grobes Stauschema sollten sie der Leistungsbeschreibung beilegen. Weiter können Sie eine Gewichtsbilanz und eine Schwerpunktberechnung einfordern und den Auftragnehmer daran binden. »Es ist eine Gewichtsbilanz mit Schwerpunktberechnung in Fahrzeuglängs- und -querrichtung vorzulegen. Die Achs- und Radlasten für das unbeladene und beladene Fahrzeug sind bei der Abnahme durch eine Wiegebescheinigung nachzuweisen.«

Dies wird den Fahrzeugausbauer nicht freuen, weil es Arbeit verursacht. Aber hier wird sich auch die Spreu vom Weizen scheiden. Gute Ausbauer sind vorbereitet, können gute Planung liefern und den Erfolg nachweisen. Und einen schlechten Ausbauer wollen Sie ja nicht. Schließlich werden Sie einen sechsstelligen oder gar siebenstelligen Betrag für Ihre Fahrzeuge bezahlen müssen. Da darf man schon sorgfältige Planung erwarten! Bei der Fahrzeugabnahme werden Sie selbstverständlich die vertraglichen Zusicherungen und die Einhaltung der Leistungsbeschreibung prüfen. Haben Sie Zweifel, wird das Fahrzeug vollgetankt, mit der Musterbeladung und der entsprechenden Personenzahl beladen und auf die Waage gefahren. Es werden das tatsächliche Fahrzeuggewicht, die Achslasten und die einzelnen Radlasten ermittelt.

In unserem speziellen Musterfall »Rettungswagen mit Kofferaufbau« sind Sie wahrscheinlich auf maximal 4,6 Tonnen zulässiges Gesamtgewicht festgelegt. Bei dem nächst schwereren Fahrgestell werden sich der Beförderungskomfort für den Patienten und das Fahrverhalten weiter verschlechtern. Zudem gibt es dann wieder einen Kostensprung nach oben. Sie sollten sich daher überlegen bei vier Personen zuzüglich Gewichtsreserve zu bleiben. Dann haben Sie die Möglichkeit, die Gewichtsreserve für eine zusätzliche Person oder zusätzliche Beladung einzusetzen. Wenn Sie sicher gehen wollen, wiegen sie vorher nach. Nehmen Sie ein aktuelles Fahrzeug, das möglichst Ihrem Wunschfahrzeug entspricht, für das Beladungsgewicht gibt es beim TÜV Sandsäcke oder andere Gewichte. Nun brauchen Sie nur noch die entsprechende Anzahl normgerechter Kollegen und eine Fahrzeugwaage. Dabei wird Ihnen Ihre Zulassungsstelle oder der TÜV sicher gern helfen.

Ein Fahrzeug wird beim Ausbau leicht einmal schwerer als geplant. Man kann ja bei einem Fahrzeugauf- und -ausbau doch nicht wirklich jedes Bauteil in den Stücklisten erfassen. Auch die Gewichte von Serienfahrzeugen weichen nicht selten von den Herstellerangaben ab. Ein automatisches Getriebe, andere Achsen und einiges Zubehör kann leicht die Bilanz verfälschen. Ein Ausbauer ist daher gut beraten, das Grundfahrzeug vor Beginn des Ausbaues zu verwiegen. Damit ist dann schon einmal die Frage nach dem schwarzen Peter geklärt.

Stimmen die in Ihrem Beisein ermittelten Gewichte mit den Forderungen der Leistungsbeschreibung und den Angaben des Angebotes überein? Wenn nicht, ist eine zentrale Forderung nicht erfüllt. Ist das Fahrzeug überladen, kann es von Ihnen nicht bestimmungsgemäß betrieben werden. Jetzt ist Konsequenz und Stehvermögen gefordert. Sie müssen die Abnahme der Leistung verweigern! Das ist eine für alle Beteiligten unangenehme Situation. Aber hier hilft es auch nicht, über einen Minderpreis oder andere Kompensationsmöglichkeiten zu reden. Das Fahrzeug können Sie nicht gebrauchen, also dürfen Sie es auch nicht abnehmen. Die Konsequenzen muss leider derjenige tragen, der eine Leistung zugesichert, jedoch nicht erbracht hat. Ich kenne einige Fahrzeuge, die aufwändig umgebaut wurden oder bei einem anderen Betreiber fahren.

9.2 Die Fahrzeugelektrik

Ein bei fast allen Fahrzeugtypen immer wiederkehrendes Thema ist die Fahrzeugelektrik. Da gibt es entladene oder zerstörte Batterien, Fahrzeugausfälle oder Ausfälle einzelner Bauteile, Fahrzeuge, die man kaum noch von der Ladesteckdose trennen kann – mal ehrlich, addiert man einmal kritisch die Ausfälle, darf man begründete Zweifel an der Betriebssicherheit einiger Einsatzfahrzeuge haben!

Bei der elektrischen Ausrüstung der Sonderfahrzeuge treten immer wieder Probleme auf, denen die Betreiber und leider auch Fahrzeugausbaufirmen oft ratlos gegenüberstehen. Praktisch alle Sonderfahrzeuge für die Feuerwehr und den Rettungsdienst verfügen über eine zusätzliche elektrische Ausrüstung mit über den Serienumfang hinausgehenden Verbrauchern. Dazu gehören die Warnanlage, das Funkgerät, die Umfeld- und die Innenraumbeleuchtung, die Standheizung, diverse Ladehalterungen für Handfunkgeräte, Handscheinwerfer, Mess- und Medizingeräte etc. Der Energiebedarf und die Anzahl der zusätzlich eingebauten elektrischen Geräte ist in den vergangenen Jahren ständig gestiegen.

Dies betrifft aber auch den serienmäßigen Lieferumfang! Auch der Fahrzeughersteller baut eine ganze Reihe stille Verbraucher in die Fahrzeuge ein. Bei Rettungswagenfahrgestellen wurde ein Dauerverbrauch von immerhin

240 mA gemessen. Legt man eine 100-Ah-Fahrzeugbatterie zugrunde, reicht es ohne Ladung etwa 400 Stunden. Dies sind etwa 16 Tage. Steht das Fahrzeug einmal zwei Wochen still, kann es Ihnen schon passieren, dass es nicht mehr startet. Beim Ausbau, beim Warten auf die Auslieferung und auch bei einigen Fahrzeugen mit niedriger Einsatzfrequenz kann dies leicht geschehen. Und der nicht vorbelastete Kunde wundert sich!

Auch wir haben damit unsere Sorgen gehabt. Bei einem einzelnen Neufahrzeug fallen konstruktive Mängel häufig nicht so schnell auf, da die Vergleichsmöglichkeiten fehlen. Haben Sie die Gelegenheit eine Serie zu beschaffen, werden Sie konstruktive Fehler schnell bemerken. Wenn bei einem Dutzend Fahrzeuge etwa die Hälfte der Fahrzeugbatterien explodieren, weist dies auch nicht unbedingt auf einen Serienfehler des Batterieherstellers hin!

Am Beispiel von Rettungsdienstfahrzeugen sollen hier einmal typische Probleme und die möglichen Lösungen beschrieben werden. Die geschilderten Lösungsmethoden lassen sich selbstverständlich auf jedes Löschfahrzeug und jeden Gerätewagen übertragen.

9.2.1 Probleme mit der Fahrzeugelektrik

Unter normalen Betriebsbedingungen liegt die Lebensdauer einer Starterbatterie für handelsübliche Fahrzeuge bei etwa vier Jahren, oft darüber. Die Rettungsdienstfahrzeuge der Feuerwehr Hamburg bilden ein Kollektiv, das sich relativ gut beobachten lässt. Wir betreiben knapp 100 Fahrzeuge mit einer täglichen Einsatzfrequenz von zum Teil zehn bis 15 Einsätzen/Tag und einer Jahresfahrleistung von etwa 40 000 Kilometern/Fahrzeug. Die Lebensdauer der Batterien betrug oft nur sechs bis zwölf Monate. Bei einigen Neufahrzeugen war schon vor der eigentlichen Inbetriebnahme der erste Satz Zusatzbatterien zerstört. Immer wieder kam es zu ungeplanten Fahrzeugausfällen. Auch Kabelbrände oder Funktionsausfälle von Komponenten kamen vor. Die Verfügbarkeit und Betriebssicherheit der Fahrzeuge, sowie Kosten- und Umweltbilanz waren unbefriedigend. Bei einer neu in Dienst gestellten Baureihe von Serienkastenwagen eskalierte die Situation. In einer Reihe von Fällen kam es sogar zu explosionsartiger Zerstörung der Fahrzeugbatterien.

9.2.2 Fehleranalyse

Sonderfahrzeuge verfügen regelhaft über eine elektrische Ausrüstung, die über den serienmäßigen Lieferzustand erheblich hinausgeht (siehe Punkt 9.2). Anzahl und Energiebedarf der zusätzlich eingebauten Verbraucher haben in den vergangenen Jahren stetig zugenommen. Um bei den Rettungsdienstfahrzeugen zu bleiben: Die DIN EN 1789 (Rettungsdienstfahrzeuge und deren Ausrüstung, Ausgabe 12/1999) schreibt zur Versorgung der notwendigen Geräte Mindestgeneratorleistungen, Mindestbatteriekapazitäten und/oder Zusatzbatterien vor. Angaben zur Energiebilanz, zur Auswahl geeigneter Batterien etc. sind in der Norm nicht enthalten. Die Vorgaben sind daher leider nur begrenzt hilfreich.

Die genannte Regel der Technik ist, wie auch die entsprechenden Normen für Feuerwehrfahrzeuge, keine Konstruktionsnorm. Hier werden Mindestforderungen aufgestellt, auf die sich die »interessierten Kreise« verständigt haben. Zum Beispiel möchte hier auch jeder Automobilhersteller sein entsprechendes Fahrzeug wiederfinden. Kunden, die sich aufgrund ihres spezifischen Bedarfs nicht mit den Mindestforderungen zufrieden geben können, suchen hier vergeblich nach der Lösung! Im weiteren Verlauf der Fehleranalyse wurden folgende potenzielle Fehlerquellen herausgearbeitet:

- Fehlerhafte Planung der Anlagen, unzureichende oder fehlende Energiebilanzen;
- Verwendung ungeeigneter Batterietypen;
- Verwendung ungeeigneter Batteriekapazitäten;
- Parallelschaltung ungleicher Batterien;
- Parallelschaltung ungleich geladener Batterien;
- parallele Ladung ungleicher oder ungleich geladener Batterien durch Lichtmaschinen mit einem Ladekreis und ungeeigneter Trennung der Batterien;
- mangelhafte Ladestromverteilung;
- parallele Ladung ungleicher, ungleich geladener oder ungleich temperierter Batterien durch Ladegeräte mit einem Ladekreis;
- Batterieladung mit ungeeigneten Ladekurven;
- nicht ausreichende Ladeleistung der Lichtmaschine;
- nicht ausreichende Ladeleistung des/der Ladegeräte;
- nicht ausreichende Ladezeiten;
- nicht ausreichende Ladespannung an der Batterie;
- fehlende elektrische Trennung der serienmäßigen und der zusätzlich eingebauten elektrischen Ausrüstung;

- ungenügender Masseausgleich zwischen den Fahrzeugbauteilen;
- zu geringe Leitungsquerschnitte und zu hoher elektrischer Widerstand in den Ladeleitungen (Lichtmaschine – Batterie, Ladegerät – Batterie);
- zu hohe Umgebungstemperatur der Batterie;
- viele serienmäßige und zusätzlich eingebaute stille Verbraucher (Uhr, Fahrtschreiber, Kontrollleuchten, Ladehalterungen etc.).

Hierzu noch einige allgemeinverständliche Erläuterungen zu den Fehlerquellen. Die Elektriker und Ingenieure unter Ihnen mögen mir die populäre Ausdrucksweise verzeihen. Jedes Produkt, auch die elektrische Anlage unserer Einsatzfahrzeuge, sollte das Ergebnis zielgerichteter Planung und anforderungsgerechter Konstruktion sein. Die Automobilhersteller legen die elektrische Anlage ihrer Serienfahrzeuge so aus, dass sie etwa 90 % der Kundenanforderungen entsprechen. Dies gilt zum Beispiel für den 3,5-Tonnen-Transporter für den Handwerksmeister oder den Kurierdienst. So ist eine wirtschaftliche Befriedigung der Masse der Kundenwünsche möglich. Haben einzelne Kunden über das übliche Maß hinausgehende Anforderungen, beispielsweise die Polizei, die Feuerwehren oder die Rettungsdienste, werden die Fahrzeuge gelegentlich durch das Herstellerwerk in speziellen Abteilungen, in der Mehrzahl der Fälle durch Sonderfahrzeugbauer -unsere Auftragnehmer – angepasst. Deren Leistung ist in der Regel so gut, dass sich die Zahl der Reklamationen in einem vertretbaren Rahmen hält. Wir als Kunden haben es selbst in der Hand, Qualität einzufordern. Wir müssen also auch eine betriebssichere und verschleißarme Zusatzelektrik einfordern.

Batterien werden auf ihre Anforderungen hin ausgelegt. Sie sind »Spezialisten«. Starterbatterien sollen für ein kurzes Zeitintervall, auch bei tiefen Temperaturen, einen hohen Strom für den Anlassermotor liefern (Hochstromfestigkeit). Arbeitsbatterien sollen über eine längere Zeit einen konstanten Strom, zum Beispiel zum Antrieb eines Motors oder zur Versorgung einer Lichtanlage (zum Beispiel im Wohnmobil oder einer Solaranlage) liefern. Es gibt auch besonders rüttelfeste, wartungsfreie und wasserdichte Batterien.

Setzt man die Spezialistin Starterbatterie als Zusatzbatterie für die Versorgung des Krankenraumes oder der Umfeldbeleuchtung im Löschfahrzeug ein, wird man mit ihr nicht viel Freude haben. Sie wird rasch versagen und der Laie wundert sich. Hier soll für die Beleuchtung und andere Verbraucher über längere Zeit ein relativ konstanter Strom geliefert werden. Nur gelegentlich wird kurze Zeit ein höherer Strom (für den Motor des Tragentisches) benötigt. Hier ist eine Arbeitsbatterie gefordert, idealerweise eine Spezialbatterie beispielsweise aus dem Yachtbereich. Auch dort wird für viele Anwendungen längere Zeit ein konstanter Strom und nur gelegentlich ein höherer Strom für den Anlasser gefordert.

Kaltstartfestigkeit wird nicht benötigt. Selbstverständlich muss auch eine solche Batterie richtig dimensioniert werden. Die Batteriekapazität K wird üblicherweise als K_{20}, als Kapazität *über einen Zyklus von 20 Stunden* angegeben. Beispiel: Eine Batterie mit einen Kapazität von 88 Amperestunden (Ah) liefert per Definition über 20 Stunden einen Strom von 4,4 Ampere. Danach hat sie eine Spannung von zwölf Volt erreicht, die Batterie ist leer. Versucht man die Batterie schneller zu entladen, soll der elektrochemische Prozess schneller laufen, wird die gleiche Batterie nur einen Teil dieses Stromes liefern können. Die Batterie wird vorzeitig entladen. Probiert man weiter, sinkt die Batteriespannung unter zwölf Volt. Nun ist die Batterie tiefentladen. Für die Masse der Batterietypen heißt das, die Batterie ist irreparabel zerstört oder mindestens schwer geschädigt. Sie wird, wenn überhaupt, nur noch einen kleinen Teil ihrer Kapazität behalten. Ein Batteriewechsel ist fällig. Lediglich Blei-Gel-Batterien halten einige Male eine Tiefentladung aus, die Schädigung ist nicht so gravierend.

»Wir haben doch errechnet oder gemessen, welche Batteriekapazität wir brauchen! Nach der Bilanz sind es doch nur 70 Ampere – *in einer Stunde*. Dass muss eine 88-Ah-Batterie doch können!« Leider nein, siehe oben.

Werden ungleiche Batterien, zum Beispiel eine 100-Ah-Starterbatterie und eine 135-Ah-Arbeitsbatterie als Zusatzbatterie parallel geschaltet, werden nie beide Batterien voll geladen. Der Ladestrom der Lichtmaschine, des Generators des Fahrzeuges wird heruntergeregelt, wenn die erste Batterie ihre Sollspannung erreicht hat. Die zweite Batterie ist aber noch nicht so weit. Sie wird auch eine andere Ladecharakteristik und unter Umständen eine andere Ladeschlussspannung haben. Bei der Ladung mit nur einem Batterieladegerät bekommen sie das gleiche Problem. Diese zwei ungleichen Brüder wollen nicht gleich behandelt werden.

Ähnlich geht es den beiden Batterien, wenn sie nun ungleich geladen und parallel geschaltet sind. Sie versuchen ihre Spannung auszugleichen. Wie Wasser in kommunizierenden Röhren fließt Strom von der einen zur anderen Batterie bis die Spannung fast ausgeglichen ist. Leider ein klein wenig mehr! Dann fließt wieder ein klein wenig zurück – und so weiter. Die Batterien ziehen sich gegenseitig herunter und entladen sich gegenseitig. Es dauert ein wenig, aber wenn Sie nach einer etwas längeren Pause starten wollen, geht nichts mehr.

Oben habe ich schon beschrieben was geschieht, wenn Sie versuchen, zwei verschiedene Batterien mit einem Ladegerät zu laden. Die nach Typ und Hersteller unterschiedlichen Batterien brauchen individuelle Pflege. Jeder Spezialist braucht, wie die verschiedenen Leistungssportler, individuelles Training und individuelle Ernährung. Wenn ein Langstreckenläufer durchhalten soll, muss er sich anders ernähren als ein Sprinter oder Gewichtheber. Auch für jede Batterie gibt es individuelle Ladekurven, die von guten Ladegeräten gefahren werden. Besonders sensibel sind die teueren »Hochleistungssportler«, die Blei-Gel-Batterien. Dafür können Sie dann aber auch eine Menge leisten. Zwei Batterien können also richtig gut nur von zwei getrennten Ladegeräten mit individuell angepassten Ladekurven »ernährt« werden. Gibt es immer nur gleichmäßige Portionen sinkt eben auch die Leistung und die Lebensdauer.

Eine wichtige Rolle beim Umgang mit Batterien spielt die Temperatur. In Batterien läuft beim Einschalten eines Verbrauchers eine chemische Reaktion als deren Ergebnis elektrische Energie produziert wird. Jeder hat schon gemerkt, dass der Pkw schlecht anspringt, wenn es sehr kalt ist, und die Taschenlampe ist auch nicht so hell wie sonst. Die Reaktion läuft langsamer. In warmer Umgebung hingegen laufen viele Reaktionen schneller. So ist es auch bei Batterien! Ist sie kalt, läuft die Reaktion träger, das Auto startet schlechter und die Batterie wird auch nicht so schnell wieder geladen. Es braucht Wärme oder einen höheren Ladestrom. Ist die Batterie warm, beginnt sie beim gleichen Ladestrom bald zu kochen. Es steigen Bläschen mit Knallgas auf. Die Reaktion läuft zu schnell, die Konzentration des Elektrolyts, der Batteriesäure verändert sich. Bei den alten Batterien konnte man dabei zusehen und hinterher destilliertes Wasser auffüllen. Die modernen wartungsfreien Batterien kann man nicht nachfüllen, nur entsorgen.

Fahrzeugbatterien sind auf eine Betriebstemperatur von 25 °C optimiert. Bei dieser Temperatur bringen sie ihre Nennkapazität. Faustregel der Batteriehersteller ist: 10 °C Temperaturerhöhung = halbe Lebensdauer. Bei einem Fahrzeug mit hoher Einsatzfrequenz, zum Beispiel viele Rettungs- und Notarztwagen oder Notarzt-Einsatzfahrzeuge ist der Motor und der Motorraum fast ständig betriebswarm. Im Sommer können es leicht schon einmal 60 °C sein. Sitzt die Batterie im Motorraum, ist das bei einem »normal« genutzten Fahrzeug im Winter eine feine Sache. Bei unseren Sonderfahrzeugen brauchen wir nicht einmal einen Taschenrechner, um uns die Konsequenzen auszurechnen. Die Batterie dürfte nicht alt werden!

Gute Batterieladegeräte nehmen darauf Rücksicht. Sie messen über einen Sensor die Batterietemperatur und passen die Ladespannung an. Wie kommt aber der Strom vom Generator oder Ladegerät zur Batterie? Ich versuche mir elektrische Leitungen wie Wasser- oder Hydraulikleitungen vorzustellen: Großer Leitungsquerschnitt – hohe Durchflussmenge, wenig Reibung; kleiner Durchmesser – wenig Durchflussmenge, hohe Reibung. Auch wenn Strom fließt – »die gerichtete Bewegung freier Elektronen in einem Leiter« – ist es ähnlich. Wird bei den Leitungsquerschnitten gespart, ist der Widerstand der Leitung hoch. Die Leitung kann schon einmal warm werden, nur die Spannung am anderen Ende der langen Ladeleitung reicht nicht mehr aus, die Batterie wird also nicht voll. Sehr gute Ladegeräte messen die Ladespannung an der Batterie und regeln entsprechend nach. Voraussetzung ist aber immer ein ausreichender Leitungsquerschnitt. Und die Materialmehrkosten kann man bei den Fahrzeugpreisen getrost vernachlässigen.

Damit die Batterie wirklich voll wird, braucht es wie beim Wasser ein (Spannungs-)Gefälle zwischen der Lichtmaschine und der Batterie. Der Ladestrom sollte schon etwa ein Volt höher als die Nennspannung der Batterie liegen. Bringt der Laderegler gerade 14 Volt, wird eine Batterie mit einer Schlussspannung von 13,5 Volt nicht voll. Sie wird dann auch nicht ihre Nennkapazität haben. Nachfragen und -messen kann sich lohnen!

Der Hersteller des Serienfahrzeuges oder des Serienfahrgestelles haben ihren Teil der Elektrik normalerweise stimmig durchkonstruiert und getestet. Batterie und Generator passen zueinander und können mit ein wenig Reserve den normalen Beanspruchungen von rund 90 % der Kunden dauerhaft gerecht werden. In dieses System sollten Sie möglichst nicht eingreifen und es überstrapazieren. Das kann nicht gut gehen, da der Hersteller Ihre sehr speziellen und hohen Anforderungen nicht berücksichtigt haben kann. Machen Sie also Ihre eigene Bilanz auf (oder lassen Sie dies den Sonderfahrzeugausbauer tun). Es wird die größte Serienlichtmaschine oder eventuell sogar eine Zweite erforderlich sein. Die Ausbaufirma sollte die zusätzlichen Anforderungen möglichst in einem zusätzlichen, vollständig getrennten System verwirklichen. Nur so können Verantwortlichkeiten klar getrennt werden und ein sauberes, anforderungsgerechtes System entstehen. Werden Sie misstrauisch, wenn man Ihnen etwas anders erzählt.

9.2.3 Fehlerbehebung

Zur Beseitigung und künftigen Vermeidung unserer Probleme war eine grundsätzliche Überplanung der elektrischen Anlagen erforderlich. Um aufwändige Versuche zu vermeiden, wurden dabei nach der Ausschlussmethode konsequent alle in Frage kommenden Fehlerquellen eliminiert. Als Planungsgrundlage war zunächst einmal zu definieren, welchen Betriebsbedingungen die Fahrzeuge standhalten sollen.

Bei uns war extremer Kurzstreckenverkehr und eine hohe Einsatzfrequenz zu berücksichtigen. Jedoch wechselt das Einsatzgebiet zwischen innerstädtischen Ausrückebereichen mit extrem kurzen Anfahrzeiten bis zu ländlich strukturierten Gebieten mit längeren Fahrzeiten. Da die Fahrzeuge stark unterschiedlich eingesetzt werden und zwischen den Rettungswachen rotieren, war ein Belastungsprofil zu wählen, das für etwa 95 % der in Frage kommenden Lastfälle ausreicht.

Als maximale tägliche Belastung wird eine Einsatzfrequenz von 15 Einsätzen/Tag +/– fünf Einsätze angenommen. Das Fahrzeug soll für fünf typische Einsätze in Folge oder einen Langzeiteinsatz und einen typischen Einsatz in Folge ohne externe Batterieladung verfügbar sein. Im Anschluss folgt ein Ladezyklus über fest eingebaute Ladegeräte von 1,5 Stunden Dauer. Ein typischer Einsatz besteht aus

- etwa fünf Minuten Anfahrt zu Einsatzstelle;
- etwa 20 Minuten Standzeit an der Einsatzstelle;
- etwa zehn Minuten Fahrzeit ins Krankenhaus;
- etwa 15 Minuten Standzeit im Krankenhaus;
- etwa zehn Minuten Rückfahrt zur Rettungswache.

Ein Langzeiteinsatz wird wie folgt beschrieben: Ein Autobahneinsatz bei Regen und Dunkelheit im Winter. Bei dem Einsatz steht das Fahrzeug mit allen, in diesem Fall möglicherweise eingeschalteten Verbrauchern 60 Minuten auf der Autobahn. Der Fahrzeugmotor steht.

Energiebedarf

Auf der Basis der modellhaft beschriebenen Betriebsbedingungen war zunächst der Energiebedarf für die beschriebenen Betriebszustände des Fahrzeuges zu bilanzieren (Bild 20). Die ermittelten Daten waren Grundlage für die weitere Planung. Im ungünstigsten Lastfall muss am Ende des Ladezyklus noch eine Betriebsspannung von mindestens 10,8 Volt (untere Betriebsspannung des Fahrzeugfunkgerätes) vorhanden und die Startfähigkeit des Fahrzeuges gesichert sein. Dies ist allerdings der ungünstigste anzunehmende Fall. Nach normgerechter Definition ist ein 12-Volt-Akku bereits bei zwölf Volt leer.

Die in Bild 21 dargestellte Energiebilanz ist selbstverständlich in jedem Fall individuell zu erstellen. Dabei kann Sie an jedes in Frage kommendes Fahrzeug angepasst werden. Erster Schritt ist allerdings zunächst die Definition eines ebenfalls individuellen Belastungsprofils. Dabei ist es unerheblich, ob es sich um einen Einsatzleitwagen, ein Löschfahrzeug oder einen Rettungswagen handelt.

Scheut man die Fleißarbeit dieser ausführlichen Energiebilanz, kann man sich auch mit dem Messgerät helfen: Erstellen Sie zunächst eine Tabelle mit den einzelnen Betriebszuständen (Bild 22). Anschließend messen Sie mit einem

Pos.	Verbraucher	Anz.	Leistung (W)	Summe (W)	Strom (A)	Faktor	Summe (A)
Fahrzeugbatterie:							
1	Abblendlicht	2	55	110	9,17	1,00	9,17
2	Fernlicht	2	60	120	10,00	0,00	0,00
3	Nebellicht	2	55	110	9,17	1,00	9,17
4	Scheibenwischer	1	100	100	8,33	1,00	8,33
5	Radio	1	40	40	3,33	0,00	0,00
6	Lüftung	1	60	60	5,00	1,00	5,00
7	Warnblinkanlage	4	25/2	50	4,16	1,00	4,16
					Zwischensumme:		35,83
Zusatzbatterie:							
8	Defibrillator-Ladehalterung	1	14	14	1,17	1,00	1,17
9	Handscheinwerfer-Ladehalterung	1	14	14	1,17	1,00	1,17
10	Lüfter	1	65	65	5,42	1,00	5,42
11	Suchscheinwerfer	1	55	55	4,58	0,00	0,00
12	Kartenleseleuchte	1	5	5	0,42	0,10	0,04
13	Krankenraumbeleuchtung	4	40	160	13,33	1,00	13,33
14	Arztpunktleuchte	1	20	20	1,67	0,30	0,50
15	Arbeitsscheinwerfer	1	55	55	4,58	0,20	0,92
16	Warnanlage	1	122-213	168	14,00	1,00	14,00
17	Rundumkennleuchte (zusätzl.)	1	55	55	4,58	1,00	4,58
18	Frontblitzleuchten	2	22	44	3,67	0,00	0,00
19	Funkanlage	1	65	65	5,42	1,00	5,42
20	Standheizung	1	50	50	4,17	1,00	4,17
21	Patientenlagerung	1	650	650	54,17	0,10	5,42
22	NB-Lüfter Stufe 1	1	10	10	0,83	0,50	0,42
23	NB-Lüfter Stufe 2	1	15	15	1,25	0,50	0,63
24	Inkubatorsteckdose	3	130	390	32,50	0,30	9,75
25	Blutwärmer	1	280	280	23,33	1,00	23,33
					Zwischensumme:		90,25
					Summe:		**126,08**

Bild 20: Beispiel für eine Energiebilanz im Worst Case

Pos.	Verbraucher	Anzahl	Leistung (W)	Summe (W)	
Fahrzeugbatterie:					
1	Abblendlicht	2	55	110	
2	Fernlicht	2	65	130	
3	Nebellicht	2	55	110	
4	Rücklicht	2	21	42	
4	Scheibenwischer	1	100	100	
5	Radio	1	40	40	
6	Lüftung	1	60	60	
7	Warnblinkanlage	1	25/2	12/5	
8	Innenbeleuchtung Fahrerraum	1	5	5	
Zusatzbatterie:					
7	Defibrillator-Ladehaltung	2	14	14	
8	Handscheinwerfer-Ladehaltung	1	14	14	
9	Dachlüfter	1	65	65	
10	Suchscheinwerfer	1	55	55	
11	Kartenleseleuchte	1	5	5	
12	Krankenraumbeleuchtung	4	40	160	
13	Arztpunktleuchte	1	20	20	
14	Arbeitsscheinwerfer	1	55	55	
15	Warnanlage	1	122-213	168	
16	Rundumkennleuchte (zusätzlich)	1	55	55	
17	Frontblitzleuchten	2	22	44	
18	Funkanlage	1	65	65	
19	Standheizung	1	50	50	
20	Patientenlagerung	1	650	650	
21	NB-Lüfter Stufe 1	1	10	10	
22	NB-Lüfter Stufe 2	1	15	15	
23	Inkubatorsteckdose	3	130	390	

Bild 21: Beispiel für eine Energiebilanz

Strom (A)	Nutzungfaktoren* Anfahrt	Einsatz	Halle		Summen* (A) Anfahrt	Einsatz	Halle am Netz
9,17	0,80	1,00	0,00		7,33	9,17	0,00
10,83	0,20	0,00	0,00		2,17	0,00	0,00
9,17	0,20	1,00	0,00		1,83	9,17	0,00
3,50	1,00	1,00	0,00		3,50	3,50	0,00
8,33	1,00	1,00	0,00		8,33	8,33	0,00
3,33	1,00	0,00	1,00		3,33	0,00	3,33
5,00	1,00	0,00	0,00		5,00	0,00	0,00
1,04	0,00	1,00	0,00		0,00	1,04	0,00
0,42	0,00	0,00	1,00		0,00	0,00	0,42
				Zwischensumme:	31,50	30,17	3,75
1,17	1,00	1,00	1,00		1,17	1,17	1,17
1,17	1,00	1,00	1,00		1,17	1,17	1,17
5,42	1,00	1,00	0,00		5,42	5,42	0,00
4,58	0,10	0,00	0,00		0,46	0,00	0,00
0,42	0,10	0,00	0,00		0,04	0,00	0,00
13,33	0,00	1,00	1,00		0,00	13,33	13,33
1,67	0,00	0,30	0,10		0,00	0,50	0,17
4,58	0,00	0,20	0,00		0,00	0,92	0,00
14,00	1,00	1,00	0,00		14,00	14,00	0,00
4,58	1,00	1,00	0,00		4,58	4,58	0,00
3,67	1,00	0,00	0,00		3,67	0,00	0,00
5,42	1,00	1,00	1,00		5,42	5,42	5,42
4,17	1,00	1,00	0,00		4,17	4,17	0,00
54,17	000	0,10	0,10		0,00	5,42	5,42
0,83	0,25	0,50	0,00		0,21	0,42	0,00
1,25	0,25	0,50	0,00		0,31	0,63	0,00
32,50	0,10	0,10	0,00		3,25	3,25	0,00
				Zwischensumme:	43,85	60,38	26,67
				Gesamtsumme:	**75,35**	**90,54**	**30,42**

	Summen* (A)		
	Anfahrt	**Einsatz**	**Halle am Netz**
Fahrzeugbatterie:	32,00	30,00	4,00
Zusatzbatterie:	44,00	60,00	27,00
Gesamtsumme:	**76,00**	**90,00**	**31,00**

Bild 22: Beispiel für eine vereinfachte Energiebilanz

Amperemeter den tatsächlich fließenden Strom im simulierten Betriebszustand eines Referenzfahrzeuges und tragen ihn in die Tabelle ein. Fall Sie sich nicht ausreichend sicher fühlen, hilft Ihnen sicher gern ein Kraftfahrzeugelektriker. Den Rest erledigt der Taschenrechner oder die Tabellenkalkulation. Voraussetzung ist allerdings, dass Sie ein tatsächlich vergleichbares Fahrzeug zur Verfügung haben. Spätestens jetzt sehen Sie: Es ist kein Hexenwerk, sondern einfache, gründliche Arbeit.

9.2.4 Lösungen bei Problemen mit der Fahrzeugelektrik

Auf der Basis der gewonnenen Informationen sind Sie nun in der Lage, die Problemlösung anzugehen:

- Handelt es ich um ein vorhandenes oder ein neues-Fahrzeug?
- Haben Sie den richtigen Batterietyp als Zusatzbatterie eingebaut? Eine Starterbatterie ist nicht zum Dauerbetrieb der Beleuchtung oder eines Motors geeignet.
- Haben Sie die richtige Batteriekapazität gewählt? (Noch einmal: Eine 88 Ah-Batterie liefert ihren Strom wenn sie neu und vollständig geladen ist und verteilt über 20 Stunden. Die geeigneten Batterietypen für die bei Ihrem Fahrzeug erforderlichen Entladekurven müssen Sie bei Ihrem Batteriehersteller oder -händler erfragen. Sie werden leicht 50 % über der nominellen Batteriekapazität (K_{20}) liegen.
- Reichen die Kabelquerschnitte von der Lichtmaschine/dem Ladegerät zur Batterie aus? Auch Fahrzeughersteller sind hier manchmal sparsam. Achten Sie auch auf zu hohe Übergangswiderstände an Verbindungsstellen.

Arbeiten Sie die in Bild 23 abgebildete Checkliste durch. Sie sind nun in der Lage, vorhandene Fahrzeuge zu überprüfen und in Grenzen nachzubessern. Dies kann sich für Fahrzeuge, die noch einige Jahre laufen sollen, durchaus lohnen. Dazu ist eine kleine Kosten-Nutzen-Rechnung angebracht. Vor allem aber sind Sie in der Lage, auf der Basis der gewonnenen Erkenntnisse Ihre Anforderungen an neue Fahrzeuge präziser zu beschreiben und die Umsetzung zu prüfen. Für die Prüfung recht schon ein relativ einfaches Vielfach-Messgerät aus.

	Fahrzeug:	*Datum:*	
#	**Prüfpunkt**	**i.O.?**	**erledigt?**
	Energiebilanz erstellt?		
	Fahrzeugbatterie		
	geeignete Kapazität		
	geeigneter Typ		
	geeigneter Einbauort (Temperatur)		
	eigene Batterieladung?		
	geeignetes Ladegerät? (Kapazität, Ladekurve, Spannungsmessung an der Batterie, Temperaturmessung an der Batterie?)		
	Querschnitt Ladeleitung?		
	Übergangswiderstände?		
	Ladespannung ausreichend?		
	Zusatzbatterie		
	geeignete Kapazität		
	geeigneter Typ geeigneter Einbauort? (Temperatur)		
	eigene Batterieladung		
	geeignetes Ladegerät? (Kapazität, Ladekurve, Spannungsmessung an der Batterie, Temperaturmessung an der Batterie?)		
	Querschnitt Ladeleitung?		
	Übergangswiderstände?		
	Ladespannung ausreichend?		
	Lichtmaschine/Generator		
	Kapazität ausreichend (Leerlauf, Nenndrehzahl)		
	Ladespannung ausreichend?		
	Ladestromverteilung		
	elektrische Trennung der Batterien bei Motorstillstand		
	Querschnitt Ladeleitungen (auch serienmäßige)?		
	Übergangswiderstände?		
	Einspeisung 230 V		
	geeigneter Festanschluss?		
	geeignete Ladesteckdose?		
	Verteilung am Fahrzeug?		
	Beschriftung		
	Prüfzeugnis/Bescheinigung des Errichters?		
	Elektroverteilung zusätzliche E-Anlage		
	Zusatzelektrik von der Serienanlage vollständig getrennt? (Messergebnis?)		
	Aufschaltung aller zusätzlich eingebauten Verbraucher?		
	Einbauort, Zugänglichkeit?		
	Batterietrennschalter?		
	Beschriftungen		
	Sicherungen, ggfs. Sicherungsautomaten		
	Masseausgleich zwischen den Karosseriebauteilen		

Prüfer:

Unterschrift:

Bild 23: Muster-Checkliste zur Überprüfung der Fahrzeugelektrik

Literatur

[1] Klose, Burkhard: Projektabwicklung, Verlag Karl Überreuter, Wien, 1996.

[2] Jackson, Keith: Die Kunst der Problemlösung, MVG Moderne Verlags GmbH, München, 1980.

[3] Franke, Reimund und Zerres, Michael: Planungstechniken, Verlag FAZ Wirtschaftsbücher, Frankfurt am Main, 1989.

[4] Gehm, Theo: Kommunikation im Beruf, Beltz-Verlag, Weinheim, 1997.

[5] Müller, Uwe: Schlanke Führungsorganisationen, WRS Verlag Wirtschaft, Recht und Steuren, Planegg, 1995.

[6] Bayer, Franke, Opitz: EU-Vergaberecht, Beuth Verlag, Berlin, 2001.

[7] Richtlinie 93/36/EWG vom 14. Juni 1993 über die Koordinierung der Verfahren zur Vergabe öffentlicher Lieferaufträge (LKR).

[8] Richtlinie 89/665/EWG vom 21. Dezember 1989 zur Koordinierung der Rechts- und Verwaltungsvorschriften für die Anwendung der Nachprüfungsverfahren im Rahmen der Vergabe öffentlicher Liefer- und Bauaufträge (RMR).

[9] Gesetz über Wettbewerbsbeschränkungen (GWB) vom 26. August 1998, Bundesgesetzblatt I, S. 2546.

[10] Verordnung über die Vergabe öffentlicher Aufträge (VgV) vom 9. Januar 2001, BGBL I, S. 110.

[11] Verdingungsordnung für Leistungen, Teil A (VOL/A) vom 17. August 2000.

[12] Landeshaushaltsordnung der Freien und Hansestadt Hamburg (LHO) vom 23. Dezember 1971.

[13] Beschaffungsordnung der Freien und Hansestadt Hamburg vom 1. Oktober 1999.

[14] Daub, Eberstein: Kommentar zur VOL/A, Vergaberecht – Rechtsschutz, 5. Auflage, Werner Verlag, Düsseldorf, 2000.

[15] Bürgerliches Gesetzbuch, Beck-Verlag, 49. Auflage, München, 2001.

[16] Gesetz über die Haftung für fehlerhafte Produkte (Produkthaftungsgesetz) vom 15. Dezember 1989. *In:* Bürgerliches Gesetzbuch, Beck-Verlag, 49. Auflage, München, 2001.

[17] Deutsches Institut für Normung, Grundlagen der Normungsarbeit des DIN, Berlin, Wien, Zürich, 1995.

[18] Behrens, Michael: Feuerwehrausrüstungen: Normen sind Mindestforderungen. *In:* BRANDSchutz/Deutsche Feuerwehr-Zeitung 12/2001, S. 1034.

[19] Lehniger, Regina: Normen sind Innovationen – und keine Schranken. *In:* BRANDSchutz/Deutsche Feuerwehr-Zeitung 1/2002, S. 2 f.

[20] Dähn, Wolfgang et al.: Welches Fahrzeug soll genormt werden? *In:* BRANDSchutz/Deutsche Feuerwehr-Zeitung 2/2002, S. 197 ff.
[21] anonym: Beschaffung nach EU-Regeln. *In:* Brandwacht 1/2002, S. 8.
[22] Mellentin, Christoph: Methoden gegen das Chaos. *In:* CT Magazin für Computertechnik 7/2002, S. 194 ff.
[23] Holzschuh, Gerhard: Netzplantechnik, Hüthig-Verlag, Heidelberg, 1989.
[24] Heinhold, Erhard: Erfolgreich durch methodisches Arbeiten, Econ-Verlag, Düsseldorf, 1991.
[25] Theisen, Manuel: Wissenschaftliches Arbeiten: Technik-Metodik-Form, Verlag Vahlen, 1989.
[26] Haynes, Marion E.: Persönliches Zeitmanagement, Verlag Überreuter, Wien, 1995.
[27] Gihl, Manfred: Handbuch der Feuerwehrfahrzeugtechnik, Kohlhammer-Verlag, Stuttgart, 1995.
[28] Bosch, Kraftfahrtechnisches Taschenbuch, VDI-Verlag, Düsseldorf, 1999.
[29] Reichert, Günter: Kompendium für Technische Dokumentationen, Konradin-Verlag, Leinfelden-Echterdingen, 1993.
[30] DIN-Taschenbuch 257, Rettungsdienst, Beuth-Verlag, Berlin, 1996.
[31] DIN EN 1789 Rettungsdienstfahrzeuge und deren Ausrüstung, Krankenkraftwagen, Dezember 1999, Beuth-Verlag, Berlin.
[32] DIN EN 1865, Festlegungen für Krankentragen und andere Krankentransportmittel, Dezember 1999, Beuth-Verlag, Berlin.
[33] DIN EN ISO 9000, Qualitätsmanagementsysteme – Anforderungen, Dezember 2000, Beuth-Verlag, Berlin.
[34] DIN EN ISO 9001, Qualitätsmanagementsysteme – Grundlagen und Begriffe, Dezember 2000, Beuth-Verlag, Berlin.
[35] DIN EN ISO 9004, Qualitätsmanagementsysteme – Leitfaden zur Leistungsverbesserung, Dezember 2000, Beuth-Verlag, Berlin.
[36] DIN 69901, Projektwirtschaft – Projektmanagement, 1987, Beuth-Verlag, Berlin.
[37] Straßenverkehrsrecht, Beck-Verlag, München, 1997.
[38] Schneider, W. und Hieber, D.: Software zur ressourcengestützten Projektplanung, WIOR Report 494, Karlsruhe, 1997.
[39] Kolisch, Rainer: Optimierungsstrategien für Projektplaner. *In:* CT Magazin für Computertechnik 4/1998.
[40] Knuth, P.: Die Europäisierung im Rettungsdienst. *In:* Der Notarzt 14/1999, S. A 62 ff.
[41] Kellner, Hedwig: Konferenzen, Sitzungen, Workshops effizient gestalten, Hanser-Verlag, September 2000.
[42] Kellner, Hedwig: Ganz nach oben durch erfolgreiches Projektmanagement, Hanser-Verlag, Oktober 2000.
[43] Birker, Klaus: Projektmanagement, Cornelsen-Verlag, 1995.
[44] Burghardt, Manfred: Einführung in Projektmanagement, Publics MCD Verlag, 1995.
[45] Zydziak, Jörg: Rettungsdienst – ein lebensgefährliches Berufsfeld? *In:* Rettungsdienst 1/2000, S. 6 ff.
[46] anonym: Gewichtsprobleme für Feuerwehr-RTW. *In:* Rettungs-Magazin 5/2000.
[47] Pietschmann, Helmut: Rettungswagen mit Kofferaufbau? *In:* BRANDSchutz/Deutsche Feuerwehr-Zeitung 10/1998, S. 836 ff und Rettungsdienst 10/1999, S. 22 ff.

[48] Pietschmann, Helmut: Bilanz gezogen! Zur elektrischen Anlage in Rettungsdienstfahrzeugen. *In:* Rettungsdienst 3/2000, S. 26 ff.
[49] Pietschmann, Helmut: Krankenkraftwagen – Europäische Norm. *In:* BRANDSchutz/Deutsche Feuerwehr-Zeitung 4/2000, S. 345 ff.
[50] Pietschmann, Helmut: Im Blickpunkt: Beförderungskomfort in Rettungswagen. *In:* Rettungsdienst 6/2000, S. 542 ff.
[51] Pietschmann, Helmut: Ist Rettungswagenfahren lebensgefährlich? Crash-Tests für RTW. *In:* BRANDSchutz/Deutsche Feuerwehr-Zeitung 1/2001, S. 38 ff. und Rettungsdienst 1/2001, S. 48 ff.
[52] Redaktion Rettungsdienst und Pietschmann, Helmut: DIN EN 1789 – Wer macht was. *In:* Rettungsdienst 5/2001.
[53] Pietschmann, Helmut: Nachgefragt: DIN EN 1789 zwei Jahre nach der Einführung. *In:* Rettungsdienst 5/2002, S. 24 ff.
[54] Pietschmann, Helmut: Beschaffungskriterien für Rettungswagen, Vortrag, 12. Bundeskongress Rettungsdienst. *In:* Rupprecht, Forum Rettungsdienst 2001, S. 87 ff.
[55] Pietschmann, Helmut: Ist die DIN 1789 in der Praxis umsetzbar?, ebd., S. 296.
[56] Schneider, R.: Rettungsmittel, ebd., S. 113 ff.
[57] August, R.: Rechtsfolgen bei Nichtbeachtung von Arbeitsschutzvorschriften, ebd., S. 251.
[58] Hersche, B.: Wie sicher müssen Einsatzfahrzeuge sein?, ebd., S. 291 ff.
[59] Zydziak, J.: Fahrzeugsicherheit aus Sicht der Benutzer, ebd., S. 301 ff.

Internetseiten

http://www2.din.de
http://www/din.katalog.de
http://www.cenorm.be
http://europa.eu.int/indexe.htm
http://www.wto.org/
http://beuth.de/
http://curia.eu.int
http://www.microsoft.com/german/
http://www.wior.uni-karlsruhe.de/
http://www.bast.de/aktuell/unfallda
http://web.wlwonline.de
http://www.ausschreibungen.hamburg.de
http://www.leab.de
http://brandschutz-zeitschrift.de

Software

Microsoft Project 2000, SR-1
Microsoft Office 2000, Premium

Literaturempfehlungen

Als weiterführende Literatur empfehle ich Ihnen besonders (nähere Angaben siehe unter Literatur):

- Klose, Burkhard: Projektabwicklung,
- Jackson, Keith: Die Kunst der Problemlösung,
- Müller, Uwe: Schlanke Führungsorganisationen,
- Bayer, Franke, Opitz: EU-Vergaberecht,
- Daub, Eberstein: Kommentar zur VOL/A,
- Bürgerliches Gesetzbuch,
- Gesetz über die Haftung für fehlerhafte Produkte (Produkthaftungsgesetz) vom 15. Dezember 1989,
- Heinhold, Erhard: Erfolgreich durch methodisches Arbeiten,
- Gihl, Manfred: Handbuch der Feuerwehrfahrzeugtechnik,
- Bosch: Kraftfahrtechnisches Taschenbuch.

Dazu sollten Sie auch eine individuelle Normensammlung zur Verfügung haben. Jede Norm enthält wieder Querverweise auf andere Normblätter. Auch hier ist es nicht erforderlich, jedes einzelne zu besitzen. Welche Sie benötigen, sollten Sie erst nach Einsicht entscheiden. An den Normauslagestellen, zum Beispiel bei Fachhochschulen, Technischen Universitäten o. Ä. kann man sich erst einmal kundig machen, was wirklich erforderlich ist.

Stichwortverzeichnis